炫丽钢铁

钢铁的花样年华

武汉钢铁（集团）公司科学技术协会◎编

北京
冶金工业出版社
2019

图书在版编目（CIP）数据

炫丽钢铁：钢铁的花样年华／武汉钢铁（集团）公司科学技术协会编．— 北京：冶金工业出版社，2014.9（2019.1重印）
（钢铁科普丛书）
ISBN 978-7-5024-6700-5

Ⅰ．①炫…　Ⅱ．①钢…　Ⅲ．①钢铁工业—普及读物
Ⅳ．①TF-49

中国版本图书馆CIP数据核字（2014）第200167号

出 版 人　谭学余
地　　址　北京市东城区嵩祝院北巷 39 号，邮编 100009　电话　(010)64027926
网　　址　www. cnmip.com.cn　电子信箱　yjcbs@cnmip.com.cn
责任编辑　曾　媛　美术编辑　彭子赫　版式设计　彭子赫　孙跃红
责任校对　禹　蕊　责任印制　牛晓波
ISBN 978-7-5024-6700-5
冶金工业出版社出版发行；各地新华书店经销；天津泰宇印务有限公司印刷
2014 年 9 月第 1 版，2019 年 1 月第 2 次印刷
169mm×239mm；8.5 印张；106 千字；122 页
39.00 元
冶金工业出版社　投稿电话　(010)64027932　投稿信箱　tougao@cnmip.com.cn
冶金工业出版社营销中心　电话　(010)64044283　传真　(010)64027893
冶金工业出版社天猫旗舰店　yjgycbs.tmall.com
（本书如有印装质量问题，本社营销中心负责退换）

普及科技知识
提高公民素质
促进社会发展

张寿荣

中国工程院院士张寿荣题词

序

钢铁工业是国民经济的重要基础产业，是国家经济水平和综合国力的重要标志，钢铁冶炼技术的发展直接影响着与其相关的国防工业及建筑、机械、造船、汽车、家电等行业。

经过几代人不懈努力，中国钢铁工业取得了巨大成就。但我们也看到，虽然我国钢铁行业的产量已经连续十年居世界之首，但这绝不表示中国已是钢铁强国。产量的辉煌掩盖不了钢铁行业的内在危机。能耗大、总量严重过剩、产品结构不合理，是其危机的主要表象。钢铁行业的发展已经到了必须依靠科技创新为根本驱动力的新阶段，必须抓住机遇，加强科技创新，让钢铁行业切实转入创新驱动、未来转型升级、全面协调可持续的发展轨道。

推动科技进步和创新，不仅需要广大科技人员的努力，而且需要广大职工的参与，促进科研与科普有机结合，加大钢铁前沿技术的传播速度和覆盖广度。为此，在中国科学技术咨询服务中心、中国金属学会等大力支持下，武汉钢铁（集团）公司科学技术协会历时三年编撰了本套《钢铁科普丛书》，以武钢发展历程为基础，进而阐述钢铁行业发展史、普及钢铁行业冶炼技术知

识。我们通过科普读物的形式，将钢铁冶金这个庞大的科学技术体系呈现给广大读者。撰写本书的作者都是武钢从事钢铁冶金技术研究的专家和钢铁生产一线的科技工作者，他们热爱企业、基础坚实、学风严谨、勤奋探索、成果斐然。他们毅然承担并严肃认真地撰写《钢铁科普丛书》，在此，我对他们献身钢铁工业和科普事业的精神深为钦佩，并表示由衷的感谢！

《钢铁科普丛书》收录的文章涉及面广，知识性、趣味性和可读性强。相信本丛书对于传播钢铁技术、弘扬钢铁文化、增强企业自主创新能力起到促进作用；希望通过普及钢铁冶金知识，凝聚更多的热爱钢铁冶金事业的工作者，积极投身于技术创新实践中，为我国钢铁事业进步，为全面建成小康社会，实现“中国梦”而努力奋斗。

中国金属学会副理事长、科普委员会主任
武汉钢铁（集团）公司董事长、党委书记、科协主席

前　言

在我国钢铁行业还处在春寒料峭的时期，《钢铁科普丛书》即将在冶金工业出版社付梓。该丛书的出版，犹如春天的使者，给钢铁行业送来了一抹暖融融的春光。

钢铁，文明之基石；钢铁，国家之脊梁。钢铁是工程技术中最重要、用量最大的金属材料。大到航空母舰、铁路桥梁，小至家用电器、锅碗瓢盆，钢铁无所不在，无所不能，无所不有，无所不至。为了弘扬钢铁文化、传播钢铁知识、普及钢铁技术、宣传钢铁产品，武钢科协历时三年，精心编辑了这套《钢铁科普丛书》。全套丛书由《魅力钢铁》、《炫丽钢铁》、《绿色钢铁》3册书组成。其中，《魅力钢铁》，让我们品味钢铁源远流长的历史和博大厚重的文化；《炫丽钢铁》，让我们领略钢铁点石成金的魔力和日新月异的科技；《绿色钢铁》，让我们感受钢铁节能减排的神奇和综合利用的魅力。每一篇文章，深入浅出，娓娓道来，通俗易懂；每一册书，主题鲜明，图文并茂，生动有趣。因此，可以说，这套丛书是一部反映人类文明与钢铁文明共同进步的“史话”，是一部传播钢铁科学技术的“全书”。

丛书共收录83篇科普短文，将钢铁冶金这个庞大的科学体系庖丁解牛般地呈现给广大读者，贴近实际、覆盖面广、可读性强，使钢铁生产火光冲天、热闹非凡的场景得以用全景图的形式铺展开来。参与编写这套丛书的作者，绝大部分人是来自武钢生产一线的科技人

员，其中不乏初次撰写科普文章的作者。为了提高作品质量，武钢科协先后举办了科普创作培训班、科普创作笔会，建立网上创作交流平台，邀请科普作家指导、修稿，聘请技术专家审稿、把关。很多文章都是几易其稿，精益求精；每篇文章的标题更是反复推敲，精心制作，有很强的艺术感染力。每一篇文章做到科学性、思想性、趣味性的完美统一，给读者以智慧、美感、愉悦和启迪。因此，也可以说，这套丛书是集体智慧的结晶，是科普佳作和美文的结集。

武钢长期重视企业科普工作，形成了具有武钢特色的"文画声光网"科普工作格局，是蜚声企业界的科普标杆单位。本套丛书的出版，再一次凝聚了武钢各级领导的殷切关怀。武钢副总经理傅连春亲自担任主编；《钢铁研究》主编于仲洁担任技术顾问；武汉钢铁（集团）公司董事长、党委书记邓崎琳百忙之中为本丛书作序；原武钢领导、中国工程院院士张寿荣，已是耄耋之年，不仅为本书题词，还奉献了他的一篇钢铁科普佳作，更使本丛书熠熠生辉。相信读者打开这套丛书，一定会爱不释手，阅必终篇，在获得钢铁科学知识的同时，对被誉为"国之脊梁"的钢铁有更深刻的认识和感受。让我们共同努力，为实现"钢铁梦"、"中国梦"作出新贡献！

编　者

2014 年 9 月

目　录

百变成钢

钢铁制造流程技术创新史话

高等动物人类的祖先与其他动物的主要区别之一在于能使用和制造工具，这是人类得以发展和创造出文明的重要前提。人类祖先要使用工具就要寻找制造工具的材料，首先是石头，然后是青铜，最后是铁。考古学家们把人类的文明史划分为石器时代、青铜时代和铁器时代，就是以人类制造工具的主要材料为依据的。

考古研究认为，公元前 2900 年就已冶炼出金属铁（在埃及金字塔中发现），但至今未发现有文字的记载。关于冶炼过程的第一个描述是埃及公元前 1500 年古墓墙上的壁画。我国约在公元前 1500 年进入青铜时代，公元前 600~500 年进入铁器时代。铁以其在地球上特有的赋存状况和物理化学性能优势，在人类文明形成过程中，成为人类社会所使用的最主要的材料，而且在可预见的未来中不会改变。钢铁工业已成为支撑人类社会文明的基础产业。

古人从富铁矿中得到铁。由于工艺简陋，不可能达到金属铁融化的温度，首先冶炼出的不是液态金属，而是半熔融状态的金属铁和液体渣的混合物，把渣挤压出去得到含碳低的熟铁。按现代的分类，熟铁属于钢的范畴。因此可以认为，在人类文明史上，人类先冶炼出“钢”，许多年之后才冶炼出铁。据考古学者的研究，早期的冶炼炉是熔融洞，用石块砌筑并涂上泥衬，用风箱送风。风箱是人力驱动的，使用的燃料和还原剂是木炭。熟铁太软，不能制造器具，古代人创造了熟铁渗碳的技术，使熟铁转变为钢。

随着冶炼炉容的增大，炉体高度的增加，冶炼炉演变成立式炉。随着炉容增大，竖炉内温度升高，冶炼出的不是熔融状态的熟铁而是液态铁水，铁水凝固后得到生铁，生铁可以铸成器具。14 世纪欧洲出现了竖炉，这种还原和熔化铁矿石的竖炉是近代高炉的前身。

生铁与熟铁不同，可以铸成器具，虽硬但质脆，不具备韧性和延展性而不能制成工具。要得到具备韧性和延展性的钢，必须使生铁中的碳降低并除去含有的杂质。办法是将生铁中的碳氧化。西方采用的工艺是用搅钢炉将生铁炼成熟铁，然后用渗碳工艺得到钢。

我国是最早掌握冶铁技艺的世界文明古国之一。秦朝时期已在主要产铁地区设置铁官，当时我国的冶铁技术处于世界领先地位。详细记载我国古代冶铁技艺的书有宋应星著的《天工开物》（此书初刊于1637年）。书中对当时铁、钢冶炼过程有详细的描述。

炼铁

随着冶铁工艺的不断改进，钢、铁产量规模不断扩大。长期经验的积累，使钢铁冶炼和加工成为一门技艺。无论在西方或东方，钢铁冶炼加工均以一定规模的冶铁手工作坊的形式成为农业之外手工业的重要组成部分。

进入19世纪，欧洲的工业革命已经开始。当时蒸汽机、铁路、轮船都已经出现，需要大量生产钢铁来支持工业、交通、运输业的发展。当时木炭高炉的生铁产量可以达到每周15吨，但搅钢炉一炉的产量只有500磅。生铁太脆，而熟铁不能大量生产，均无法满足要求。铁路的轨道是木制的，上面包一层铁皮，船舶、建筑物、大部分桥梁都是木制的，甚至容器也是木制的。工业革命期盼着新的材料制造业的诞生。

18世纪以前炼铁作坊的高炉使用的燃料是木炭，当时产铁大国英国不得不大量砍伐森林来烧制木炭。进入18世纪，英国政府下令禁止砍伐森林烧木炭，使许多木炭高炉停产，开始试用煤代替木炭炼铁。直到1718年，英国人Abraham Darby在Shropshire的Coalbrookdale厂的高炉上成功地用焦炭全部取代了木炭。此项技术在1771年以后得以推广，为其后炼铁高炉进一步发展提供了重要的物质基础。

早期的高炉使用的是冷风，高炉冬天产量高，夏天产量低。有人错误地认为冷风比热风好，却忽视了冬天空气湿度低，利于提高燃烧温度的特点。直到1828年，James Neilson在苏格兰的高炉上进行了加热鼓风试验成功后，使高炉炼铁由冷风改为热风，这一技术创新为高炉提高生产力、降低能源消耗提供了重要的技术支撑。

工业革命要求炼钢工艺在提高生产力上有新的突破。1850年至1860年间英国人Henry Bessemer根据化学热力学计算，推算出使用铁水炼钢向铁水中吹氧气，去除铁水中碳和其他杂质，其所产生的热量足以使得到的钢水处于高温的流动状态。Bessemer 提出用转炉替代搅钢炉的设想。Bessemer 的向液态热铁水表面吹氧去除杂质的实验最终在 Sheffield 取得成功。Bessemer 的技术创新使炼钢工艺的生产力上了一个大台阶，开创了炼钢史上第一次重大的工艺技术革命，为现代钢铁工业的形成奠定了基础。这一工艺被称为贝氏炼钢法。

搅钢炉一炉的产量只有 500 磅（约 227 千克），出一炉钢要 6~7 个小时。转炉一炉钢数以吨计，冶炼一炉钢只要数十分钟。贝塞麦转炉的出现适应了工业化对钢的需求。贝塞麦转炉的钢水可以直接铸成钢锭，炼钢过程不需要外加燃料。因此，贝塞麦转炉迅速得到推广。

贝氏炼钢法也显示出缺点，其去硫去磷能力差，钢水中气体含量高，钢的质量不如搅钢炉的熟铁。1855 年，英国工程师 William Siemens 发明了另一种炼钢工艺。该法由蓄热室加热燃烧煤气与空气，以此获得高温，将废钢和生铁融化成液态进行精炼，同时燃烧废气将热量传给蓄热室，如此反复循环。钢中的杂质靠炉渣中的氧化铁去除。这就是近代炼钢平炉的雏形。法国人 Pierre-Emile Martin 取得 Siemens 的专利权后加以改进，称之为 Siemens-Martin 法。由于其钢质优于贝氏炼钢法，1867 年在巴黎博览会上获得金奖。

当时平炉和转炉使用的耐火材料都是酸性的，因而脱硫脱磷效果差。1875 年英国的 S. G. Thomas 和 P. G. Gelchrist 发明了采用碱性炉衬和碱性炉渣的转炉炼钢方法，利用高磷生铁炼钢。其后平炉也改用了碱性炉衬和碱性炉渣，由此，平炉炼钢工艺得到大发展，成为 19 世纪后期和 20 世纪中期占统治地位的炼钢工艺。

自 1880 年碱性平炉炼钢法出现后，钢的生产能力大幅度提高，搅钢炉工艺逐渐被淘汰。以液态炼钢工艺为核心，形成了高炉—平炉炼

钢—铸锭—开坯—轧钢—热处理等工艺组成的钢材生产流程。与以前的钢铁生产作坊相比，该流程不仅生产规模大，成本低，而且产品质量好。最重要的是，这一工艺流程适时地满足了当时社会对钢铁产品的大量需求，支撑了人类社会的工业化进程（当时这一进程出现在欧洲和北美）。

随着钢铁生产能力的大幅度提高，钢铁厂数量增多，从业人员增加，使以手工作坊为主的钢铁冶炼技艺形成了产业——钢铁工业。

19 世纪，工业发源地的英国钢产量在世界领先。1871 年，英国钢年产量为 33.4 万吨，德国为 25.1 万吨，法国为 8.6 万吨，美国为 7.4 万吨。炼钢工艺技术革命后，由于拥有矿石、焦炭资源优势，在美国贝氏炼钢法得到迅速推广。1890 年美国钢产量超过英国，成为第一产钢国，德国位居第二。碱性平炉出现后，取代了贝氏炼钢法。19 世纪末出现了世界上第一代钢铁联合企业，如美国钢铁公司（1882 年）、德国的蒂森钢铁公司（1890 年）、日本八幡制铁所（1891 年）、美国伯利恒钢铁

公司（1892 年）、加拿大钢铁公司（1895 年）等。

碱性平炉炼钢工艺的推广，使其成为炼钢的主导工艺，特别是在美国。1900 年全世界钢产量是 2850 万吨，美国钢产量为 1035.2 万吨，占世界产量的 36.3%。电力的出现使蒸汽机被电动机取代。这一创新加速了钢铁工业的发展。世界钢产量 1906 年超过 5000 万吨。第一次世界大战后，1927 年全世界钢产量超过 1 亿吨。尽管 20 世纪 30 年代的经济危机使全球钢产量下降到 1 亿吨以下，但危机过后钢产量又恢复到 1 亿吨以上。

第二次世界大战后，经济发展对钢铁的需求发生了显著的变化。二战之前，钢铁主要用于铁路、运输、造船、军工等方面。二战以后，随着汽车工业的发展，住宅、高速公路、港口、机场等基础设施的建设，农业机械化、家用电器的应用推广，石油天然气输送管道的建设以及机械化、自动化技术的推广应用，对性能好、价格低的结构材料和功能材料的需求越来越迫切。钢铁制品进入几乎所有的制造业和工程领域。与其他材料相比，钢材在质量、性能和性价比上都是最佳的，与其他金属材料相比，铁资源的储量较为丰富，钢铁成了人类社会实现工业化的首选材料，从而成为发展的焦点。

二战后，在全球范围内，出现了许多高品位的铁矿石供应基地，使铁矿石的供应趋向国际化，进而为钢铁工业的大发展提供了物质基础，并使铁矿石资源贫乏的国家能够依靠科技进步成为主要产钢国。

20 世纪中期以来出现的钢铁制造技术创新推动了钢铁工业的大发展。20 世纪以来世界钢铁工业出现了两次高速增长期。第一次高速增长期，从 50 年代开始到 70 年代初，世界钢年产量由 2 亿吨增至 7 亿吨；第二次高速增长期，由 20 世纪末开始，钢产量由 2000 年的 8.43 亿吨升至 2007 年的 13.4 亿吨，目前仍在持续增长中。两次高速增长期都

是世界经济增长需求的拉动力和技术进步的推动力的结果。20 世纪以来，2000 年的钢产量比 1900 年增长超过 28 倍，2008 年的钢产量比 2000 年又超过 60%，把 20 世纪称为钢铁工业大发展的世纪是当之无愧的。

1930 年奥地利的 Dürer 教授对氧气转炉炼钢进行了研究，但由于氧气太贵而不能实现工业化。进入 20 世纪 50 年代，制氧工业的进步使氧气机产能大幅提高，氧气成本下降，氧气炼钢的条件日趋成熟。1950 年奥地利的 VOESTALPINE（奥钢联）公司在 30 吨转炉上成功开发出氧气转炉炼钢的 LD 法，并与瑞士的 BOT 联合以专利方式向全世界推广。

与其他炼钢工艺相比，LD 法控制钢含碳量的能力强，冶炼周期短，能够实现设备的大型化。此外，废钢使用比例较低，使用高纯氧使钢中含氮量低，废钢带入的有害杂质少，提高了钢的质量，从而使氧气转炉炼钢技术在全世界得到迅速推广。20 世纪的第一次高速增长期，日本、欧洲钢产量的快速增长与氧气转炉的普及密不可分。我国在 20 世纪 80 年代以后钢铁工业的崛起，氧气转炉的推广和平炉炼钢的淘汰起了重要作用。

在世界范围内，高炉炼铁占据绝对地位。2013 年世界生铁产量 11 亿多吨，非高炉炼铁只有 7 千多万吨。二次世界大战以后，高炉大型化的趋势明显，特别在日本与前苏联。1959 年日本最大的高炉是广畑 1 号高炉，容积为 1603 立方米。1976 年日本大分厂容积为 5070 立方米的 2 号高炉投产，10 多年时间内，高炉容积扩大了近 3 倍。20 世纪 70 年代前期，前苏联也在克里沃罗格和切列波维茨建了 5000 立方米级高炉。欧洲也以建 3000~5000 立方米级高炉来淘汰 1000 立方米级高炉。

目前世界上最大的高炉是韩国浦项的6000立方米高炉，我国最大的高炉是沙钢的5800立方米高炉。高炉的大型化提高了高炉生产水平和劳动生产率，并降低了消耗。

高压操作是20世纪40年代出现的高炉炼铁技术创新。首先在美国和前苏联应用，而后向全世界推广。提高炉顶压力可促使高炉增产，并推进高炉大型化。

20世纪50年代高炉风温一般在600~800℃，900℃以上就算是高风温。随着热风炉结构的技术创新和耐火材料的更新换代，20世纪90年代高炉风温水平一般超过了1100℃，相当多的高炉超过了1200℃，这为高炉风口喷吹燃料和降低焦比创造了条件。

高炉风口喷吹燃料是20世纪50年代以后的重要技术创新。最初，从风口喷吹重油来替代焦炭，效果良好。石油危机后，风口喷吹煤粉发展迅速，可以做到置换焦炭用量的40%。20世纪末，风口喷吹剂趋向多元化。

大型铁矿山的开发和铁矿资源的全球化，提高了炼铁原料的品位。选矿工艺技术的进步，加工、混匀、整粒技术的进步，烧结及球团工艺技术的改进，提高了炼铁原料的质量水平。许多地区的高炉根据具体条件，寻找出合理的炉料结构，为高炉强化冶炼提供了物质基础。

焦炭是炼铁高炉的发热剂、还原剂和料柱支撑骨架。焦炭质量对高炉炼铁的生产能力、效率和经济性具有决定性作用。炼焦工艺的技术创新对20世纪钢铁工业的大发展发挥了巨大作用。

连续铸钢是钢水凝固技术的重大创新。将原来的钢水铸锭和初轧开坯集成为一个工序，提高了收得率、缩短了加工周期、节约了能源。20世纪40年代连铸技术首先在德国实现工业化。50年代以后取得显著发展。1970年日本大分制铁所建成世界第一座全连铸钢厂。20世纪

70年代以来，世界钢铁工业的发展和我国90年代以后钢铁工业的崛起，连铸技术都发挥了重要作用。

1989年，SMS公司开发的薄板坯连铸连轧生产线在美国Nucor公司的Crowfordsville厂投产。这是继连铸之后凝固技术又一重大创新。由于该技术具有建设投资省，劳动生产率高，能耗低，生产成本低于常规热连轧机等优点而受到广泛关注。迄今为止，全世界薄板坯连铸连轧总生产能力已超过1亿1千万吨/年。我国已建成的能力已超过3700万吨/年。

设备大型化、连续化、高效化必须依靠信息化和自动化。高新技术为钢铁工业提供了新的检测手段、控制手段和管理手段，使钢铁产品的质量大幅度提高，新品种不断涌现，能源消耗量逐年降低，劳动生产力空前提高，从而使钢铁在材料工业中的竞争力不断增强。

钢铁工业是支撑经济高速发展的脊梁，爆炸式的数字增长写满了世界钢铁发展史，同时，钢铁工业的发展是一面镜子，它照射出钢铁制造工艺的技术创新史，也折射出世界钢铁工业的发展历程。

（张寿荣）

钢铁食粮

GANGTIE SHILIANG

港口码头的“水上坦克”
——浮趸式桥式卸船机

卸船是港口作业的重要环节，卸船机是港口作业的关键设备之一。目前，我国港口接卸大宗散货的主要设备有浮式链斗式卸船机、浮式回转臂架式抓斗起重机和岸壁桥式抓斗卸船机等类型。浮式链斗式卸船机生产效率高，清舱功能好，但占用岸线长，且它仅适用于专用的敞口驳船，对船型适应性差。浮式回转臂架式抓斗起重机对船型及水位变化适应能力强，但因工作时整机摇晃大，操作困难，劳动强度大。同时，卸船过程中需要多次调整缆绳移动船舶，生产效率低。岸壁桥式抓斗卸船机主要在沿海港口广泛使用，它的起升、行走机构都是直线运行，操作方便，生产效率高，但在枯水季节时抓斗提升高度大，操作定位困难。

武钢港务公司青山本部是武钢专用的现代化原料场，位于长江中游，拥有 7 座原料接卸码头，其港口水域的年水位差高达 17 米。每年有两千多万吨铁矿石等原料从这里进港，港口接卸任务十分繁忙。为适应港口发展需要，通过对各种卸船设备的优缺点进行综合比较分析，

结合长江船型发展和港区水域的实际情况，武钢港务公司提出了将桥式抓斗卸船机与浮式趸船的优势进行整体集成创新的大胆设想，自主研发出一种新型高效的卸船机——浮趸式桥式卸船机。这种卸船机结合了陆域上卸船设备高效可移动的特点和水域卸船设备不易受季节水位变化影响接卸的特点，将岸壁式卸船机应用于浮趸式码头上，使卸船机能够在浮趸上来回行走，克服了原来浮趸式卸船机不能移动、适应性差的缺点，此卸船机在国内外尚无应用先例。

浮趸式桥式卸船机的独特性在于在特别设计的浮趸上，设置两台可行走的桥式抓斗卸船机，两台自重各465吨的大型装卸桥可以在趸船的轨道上独立自由行走。卸船过程中，船舶靠在浮趸上固定不动，由装卸桥大、小车移动来改变抓取位置，这就是浮趸式桥式卸船机独特的“定船移机”模式。通过定船移机的模式，从而实现了高装卸能

浮趸式桥式卸船机

力的桥式抓斗卸船机与适应大水位落差的浮式趸船的有机结合，在不增加岸线长度的情况下，使原来单个浮趸泊位的卸船能力翻两番，码头的年通过能力由原来双浮吊码头的 80 万吨提高到现在的 300 万吨，对于岸线稀缺的武钢来说，这是极为重要的。

浮趸式桥式卸船机首次将桥式抓斗卸船机的运行高效率等优点与浮式趸船加斜坡码头对大水位落差适应性强的优点进行整体集成，有着诸多的创新之处。首先通过结构创新设计，降低整机重心高度，同时采用自动调动压舱水技术，实现了船舶纵倾的智能控制。其次是设置多重安全防护，确保卸船机趸船间的防滑行、防倾覆、防浪、防风等安全性。此外，首次在内河水上大型大容量设备上采用 10 千伏高压供电，解决了其高压供电上船的安全性问题。通过众多的技术创新，该全新的高效率散料卸船设备有效地解决了确保浮趸桥式抓斗卸船机

浮趸式桥式卸船机

这一类水上移动起重机稳定性与安全性的成套关键技术问题，为国内外内河港口散料装卸设备与技术发展开辟了新的方向。这些关键技术难题的攻克，不仅确保此卸船机安全性的核心技术，而且它同样适用于各种水上移动起重机的安全防护。

浮趸式桥式卸船机具有诸多优点。首先是作业效率高。桥式抓斗卸船机与旋转浮吊相比，两者作业运行轨迹不同。抓斗桥式卸船机为直线运行轨迹，对位准确，起升和小车运行速度高，循环作业时间短；而旋转浮吊为圆弧形运行轨迹，对位及循环作业时间长。桥式抓斗卸船机作业效率高，是目前散货卸船作业最优秀机型。其次，泊位利用率高。采用了浮式码头趸船和定船移机方案，具备大车运行功能，可适时调整卸船作业区域，减少了移船系统增加的辅助作业时间。在设计船舶尺度的选择方面，满足待卸船型中舱口尺寸 69.9 米的最大船型的作业要求，可适合不同类型的货船装卸作业，也特别适合于内河港口大水位落差的浮式囤船斜坡码头。第三是投资省。采用桥式抓斗卸船机配以浮式码头趸船，不仅大量节省水工码头的投资费用，还可以有效保护河道和岸坡的生态环境。第四是安全性好。本浮式桥式抓斗卸船机研究并设计了各种防倾覆、防风防台等安全保护装置，如防溜夹紧装置、防风锚定、防台拉索、防倾覆反钩等，可以确保卸船机在工作状态和非工作状态的安全性。在船舶稳性方面，对德国HOPPE纵倾补偿控制系统进行改造应用，来保证满足船舶的纵横倾要求，增加设备的安全性。

浮趸式桥式卸船机创意新颖、设计合理、性能优越，先后获得武汉市、湖北省等多项科技进步奖项，同时也获得了国家专利，在国内属独有。自2005年投产以来，不仅大幅度提高了码头的卸船能力，有效解决了武钢卸矿面临的难题，而且在船型适应性、设备安全性、节能降耗、环境保护、节省码头建设投资等方面都显示出明显的优势，取得了显著的社会经济效益，实现了在大宗散货高效内河装卸船设备的技术创新，为当今国内外大水位落差的内河港口提供了一种新的高性能的散料卸船设备。特别对于我国内河船型多样化，航道渠化程度不高，水位落差大的内河钢厂码头、电厂码头、煤炭码头、粮食码头和矿建码头等有广泛的应用前景和推广价值。

（张 昊）

混匀取料的“大胃王”
——滚筒取料机

如果一台机器一天有几万吨的“饭量”，是不是令人难以想象？在武钢港务公司，就有这样的大胃王机器，它是国内首台40米大跨距式滚筒取料机，单台机器每天的“饭量”可达3.6万吨。

何谓滚筒取料机？在钢铁企业的原料场中，为稳定原料成分，需要将多种不同理化性能的原料按照一定比例进行配料，然后送到混匀料场，由堆料设备进行堆料。堆料完毕之后，形成混匀矿，再由取料

滚筒取料机

设备进行取料，送往下工序。用于混匀取料的设备则称为混匀取料机，而滚筒取料机就是混匀取料机的一种。

混匀取料机的类型很多，按其取料方式，有端面取料的桥式取料机，侧面取料的耙式取料机，上部取料的铲斗取料机，底部取料的叶轮取料机。按照结构特点分，可分为悬臂式取料机和滚筒式取料机。

武钢为解决高炉长期存在的原料条件差、产量低、消耗高的问题，早在 1981 年就开始着手建设原料场地工作。混匀系统包括一次料场、配料系统、混匀料场三个部分。因滚筒取料机的取料方式为全断面取料，混匀效果较好，武钢混匀料场为此配置了两台 QLG1500.40 型滚筒式混匀取料机。该滚筒式混匀取料机为国内第一台跨距为 40 米地巨型混匀取料机，取料能力达到 1500 吨 / 小时，每天能吃掉混匀料场上多达

滚筒取料机

3.6 万吨的矿石。混匀时，经堆料机将原料均匀堆置在料场内，铺成又薄又长的许多料层，最后形成堆高 12.35 米、堆宽 34 米的三角形断面料堆。滚筒取料机在作业过程中，滚筒取料机沿垂直于料场的长度方向进行全断面切取，切取的混匀矿质量、化学成分和粒度比较稳定。

近年来，武钢混匀料场每年向下工序输送混匀矿超过 1700 万吨，都需要依靠 QLG1500.40 型滚筒式混匀取料机来完成。QLG1500.40 型滚筒式混匀取料机主要由滚筒和滚筒驱动装置、料耙及料耙往复驱动装置、料耙俯仰机构装置、受料皮带机、行走台车、电缆卷筒、门架、润滑系统等组成。

混匀取料时，首先将料耙的倾角调整至料堆堆积角一致，而实现这一功能的是料耙俯仰机构装置，通过动定滑轮组的作用，重达 1 吨的料耙仰角轻松调整，真正做到了“四两拨千斤”。

料耙调整完毕之后，启动料场皮带机和滚筒内皮带机，滚筒内皮带机主要承接滚筒所取的物料，再通过像自来水管一样的皮带机一环接一环，将混匀矿源源不断地送往烧结厂。然后启动滚筒，滚筒和滚筒驱动装置主要用来完成全断面取料的主要机构，巨大的滚筒远看就像古代水车一样，表面布满了取料小斗，共有 17 排、51 个小斗，像一张张嘴巴，将混匀矿一口一口吞下。

接着启动料耙往复机构，雄伟的料耙上布满了耙齿，像一颗颗牙齿，坚硬无比，使料堆截面上的物料顺利地滑落，这时物料由上至下沿料堆端面均匀滑下，从而将上下方向的物料混匀。最后启动工作运行机构，此时，滚筒上的取料小斗开始给进取料，取料完毕，小斗转过圆弧挡板至滚筒最高点时进行卸料，混匀矿沿卸料滑板卸至滚筒皮带机上。

在送料过程中，由于滚筒上所有的小斗均将物料卸至同一皮带机上，使得沿皮带机长度方向上不同位置物料叠加，因此，又实现了物料的横向混匀。最后，经过充分混匀的物料经滚筒皮带机运至料场皮带机上。取料完毕后，按上述相反顺序停止取料。最后开动调车作业运行，准备下一个取料循环。

那么我们的大胃王 QLG1500.40 型滚筒式混匀取料机与国内其他钢铁企业混匀取料设备相比有哪些优势呢?

首先，因为沿料宽方向取料，可实现物料的横向混匀；由于料耙往返耙料，可实现物料垂直方向的混匀，从而实现了三维空间的物料混匀，混匀效果十分显著。其次，设备零部件与物料接触少（只有料斗和耙齿），工作速度低，给进量少，因而降低了切削物料和提升物料所消耗的功率，磨损也较小。最后，当料堆高度和自然堆积角均不同时，也不影响混匀效果。因为滚筒取料始终为全断面取料，而双斗轮的混匀效果则随物料高度的下降和宽度的变窄而降低（因为当料堆宽度小于两斗轮的间距时，无法实现宽度方向混匀），大块物料易滚向料堆两侧，但这种粒度物料的偏析对我们的大胃王来说毫无影响。

滚筒式混匀取料机是武钢贯彻精料方针的大型混匀料场的关键设备，担负着烧结厂所需混匀矿的混匀及输出任务，对提升作业效率、提高产品质量、节能降耗等贡献出自己的一份力量。

（陈 敏 陆小光）

165度的华丽转身

——翻车机

谈到物料的装卸，大家首先想到的就是体力劳动，耗时、费力、艰苦劳累，甚至无奈地称之为“苦力”。然而有这样一种设备，通过一个“165度的华丽转身”，一个翻转就能将整整一个火车车皮的物料卸完，它的名字叫做“翻车机”。

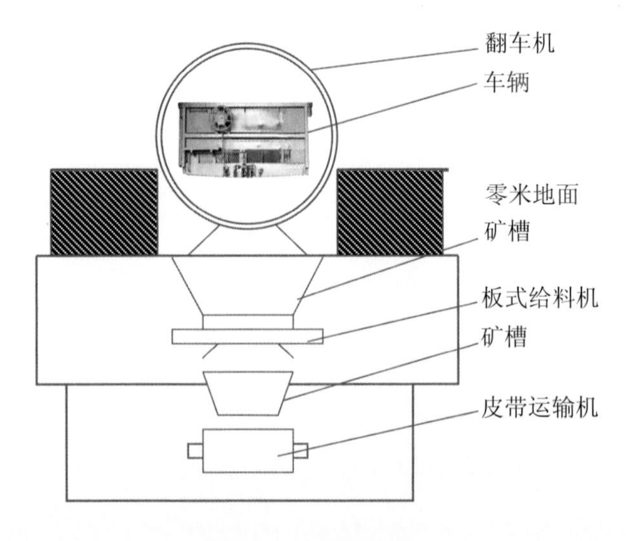

◎ 翻车机工艺布置图

翻车机是一种大型的、高效率的机械化卸车设备，用于翻卸铁路敞车、煤车所装载的煤、矿石等粒状物料。翻车机通过计算机进行自动化操作，将装满物料的车皮翻转 165 度，便如同将装满 60 吨物料的车皮“倒立”起来，物料自然滑落到矿槽内，再由板式给料机给料到皮带运输机上，再通过皮带运输机将卸下的物料运送到高炉或仓库，如上图所示。

翻车机系统设备包括托车平台、托滚系统、旋转驱动系统、压车系统、靠车系统、液压系统等。翻车机作业时，先进行配车操作，由火车机头将车皮推进翻车机托车梁；再进行翻车操作，经靠车、压车（液压系统控制）固定，通过旋转驱动将翻车机旋转到 165 度后，暂停 5 秒，物料卸完再回转到零度，进行松压、松靠，再由火车机头推出托车平台，完成一次翻车过程。

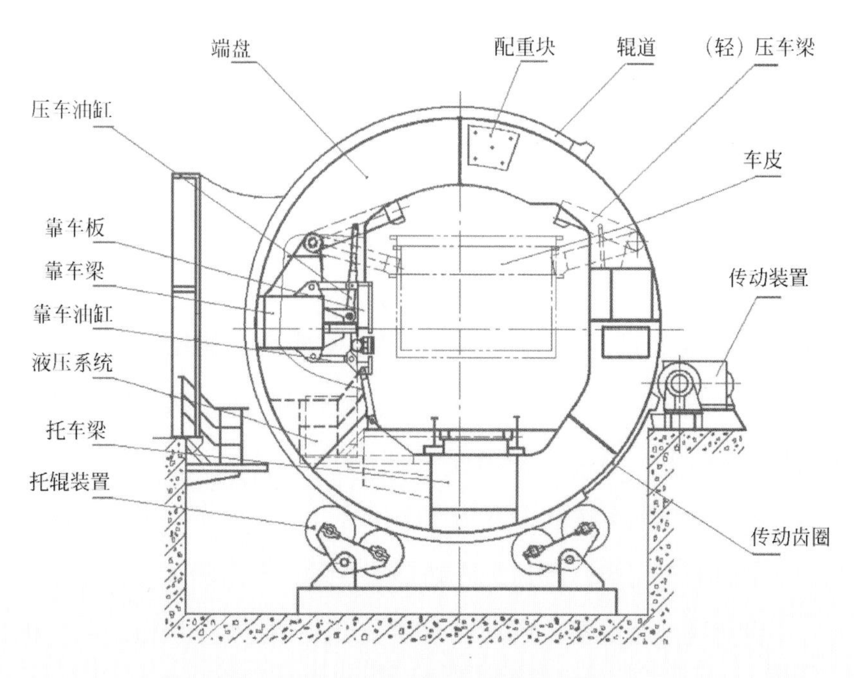

◎ 翻车机本体示意图

好一个“翻车机”，好似一个力大无穷的“大力士”，将一节装满60吨物料的火车皮“倒立”过来，来了一个“底儿朝天”。

“大力士”将车皮“倒立”，听起来可是挺危险，一不小心就会“搬起石头砸自己的脚”。不用怕！因为“大力士”翻车靠的可不仅仅是蛮力，更是智力。翻车机绝对安全可靠。

◎ 翻车效果图

翻车机作业经过不断优化改进，已基本实现智能化控制，由计算机完成一系列的机械动作，仅仅需要3分钟的时间，就可以完成一次翻车过程。翻车机一次自动翻车程序如下：

（1）点击允许配车按钮，发出配车信号。

（2）车辆配车完毕，接到允许翻车信号后，发出翻车预警信号。

（3）启动液压站电机，启动变频器。点击“翻车”按钮，翻车机自动进行靠车、压车、正翻、回翻、松压、松靠等一系列操作。

（4）松压、松靠到位，发出配车信号，重新配车。

虽然一次翻车过程仅需要 3 分钟时间，但翻车机不是连续工作制的设备，配车、翻车各占工作时间的 50%，再加上矿槽贮存量有限，板式给料机、皮带运输机运转速度的限制，因此实际工作中，一台翻车机每天最多可翻卸车 480 辆，按一个车皮可装载约 60 吨左右物料计算，一台翻车机最多每天可翻卸物料约 28800 吨。假设每名装卸工每天可以装卸 10 吨物料，那么一台翻车机每天的工作量相当于一名装卸工连续工作 2880 天，也就是整整 8 年！难以想象！一台翻车机工作一天竟然可以节省一名装卸工 8 年的艰苦劳动！

翻车机外待翻的装满物料的火车皮（配车等待过程）

◎ 车皮进入翻车机后准备翻车（压车、靠车过程）

◎ 翻车机翻到 100 度左右（物料正在卸下的过程）

冰冻三尺，非一日之寒！劳苦八年，仅一日之功！

3 分钟——165 度——60 吨！

翻转吧，翻车机！你的每一次翻转，都是一次“华丽的转身”！

（朱付涛）

橡胶输送带连接技术“三剑客”

输送机主要应用于煤炭、采矿、冶金、化工、建筑和交通等部门的大规模、连续化的运输，运输的物料有块状、粒状、粉状、糊状和成件物品等。萦绕在输送机上承载物品的是输送带。输送带的品种繁多，生产厂家和使用单位对输送带的分类和命名也不统一。根据抗拉层材料的不同，常见的输送带主要分为两个大类：纤维材料的纺织帘布为抗拉层输送带，简称普通输送带；金属材料抗拉层输送带，一般采用钢丝绳做带芯体，故简称钢芯输送带。

随着工业发展和技术进步，新材料、新结构的输送带不断出现，已出现短纤维定向增强输送带、管状输送带、PVC 和 PVG 整芯阻燃输送带、多功能传动带和同时兼有运输和传动功能的输送带等。不论什么形式的输送带，基本结构大同小异：由上覆盖胶（工作胶层）、带芯体（骨架层）、芯胶、下覆盖胶（非工作胶）、边胶五部分组成。

输送机运输与其他运输形式相比，具有效率高、运输连续、操作安全、使用方便、维修容易和运费低廉等优点，在工业、农业和交通运输业等方面得到广泛的应用。目前，输送带输送机正向单机长度、高输送速度、长距离和大输送量等方向发展。在工业比较发达的国家和地区，已生产并采用单机长度达10千米以上的大跨度输送带输送机，并建有100千米以上的连续输送线。

以橡胶输送带作为承载体的输送机，被广泛地应用于各个行业。人们通常把橡胶输送带叫做皮带，因此称橡胶输送带输送机为皮带机。要使用橡胶输送带，就必须掌握连接技术，使橡胶输送带形成一个完整的“闭环”。科学研究和实践表明：机械连接法、冷黏接法、热硫化胶接法是橡胶输送带连接技术“三剑客”。

机械连接法就是使用金属连接通过机械方法把运输带连接在一起，且只适用于运输带的对接连接形式。在使用机械卡子连接运输带时，把运输带的接头摆正后，按机械卡子的螺丝间距在运输带上冲出眼孔，然后把机械卡子对上收紧螺丝，利用专用扳手把伸出的螺杆板断，每个接头使用的机械卡子数由运输带的宽度来决定，一般卡子之间留有5毫米左右。使用机械卡子连接运输带接头时，应该在运输带的两端从中间向两边分散冲孔，这样能保证接头对正不会出现变形。机械连接法的优点有很多，在操作上，用时较短；在材料选取上，可选范围广，有各种金属类丝、抓丁卡子、铆钉等，现在还生产有一种专用机械卡子，使用起来极其方便；其原材料可以长时间存放；操作方便简单，对操作人员的技术要求不高；对不同带芯体的运输带都适用。但是，它的缺点也是显而易见的，外露的金属部分，会对运输带机的机械部分及清扫装置有较大的磨损，容易对运输带机造成二次损坏；使用寿命相对较短。综上所述，机械连接法只适合宽度比较窄和运输物料轻的运输带连接。

冷黏接法又称常温硫化，适用于运输带搭接的连接形式。一般使用以氯丁胶为基料的胶黏剂来黏接。现在常用的是由胶黏剂生产

厂家分装好，在现场操作时只把双组分的胶黏剂混合在一起搅拌均匀即可使用，搅拌好的胶黏剂要在30分钟内使用完。首先制作黏合面的接头台阶，并且用砂轮机将每个台阶的带芯进行打磨，清除附着在黏合面上的橡胶、杂物和灰尘，再利用120号的汽油清洗两遍，待干燥后，开始刷调好的胶黏剂。刷胶时要均匀，第一次可以稍为多一点，刷完后等待干燥，待不黏手时刷第二遍胶，待干燥后就可以合拢胶接。合拢时运输带要摆正，并且对好每个台阶，黏合面合好后，用手锤从中间向两边敲打整个接头的黏合面，保持2~4小时后就可以使用运行。冷黏接适宜负载较大的运输带机，虽然胶接工艺较复杂，但接头平整光滑、连接强度较高、接头的使用寿命长，所以应用比较广泛。

热硫化胶接法就是利用专用设备对搭接接头进行加温加压连接的方法，就是使生橡胶变成高弹性的熟橡胶的过程，虽然硫化设备有不同的种类，但硫化设备的工作原理是一样的。以纺织帘布为带芯体的

橡胶输送带在制作接头时，首先按要求进行放尺，制作输送带接头台阶，清理黏合面上的橡胶，在黏合面的各项工艺按技术要求制作完成后，用 120 号汽油对两边的黏合面进行清洗，待干燥后把配制好的胶浆均匀地涂刷在黏合面上，使胶浆浸润到布层每个空隙；第一遍刷胶厚度约 0.1 毫米，第二遍刷胶厚度约 0.2 毫米。另外，每进行刷胶后必须晾干后再进行第二次刷胶浆，目的是使胶浆中的溶剂全部挥发出去，以便胶接后不起泡，黏结牢固。晾干程度可用手指轻轻黏刷胶面，以不黏手为合格。涂胶时，注意不要渗进杂物等。然后将另一面也涂好胶浆。胶浆彻底干透后，将芯胶铺于拨好的接头黏合面平面上清洗干净后，用刀将芯胶进行划破，以便空气能够更好排去。合头时从皮带中间向两侧贴合，充分滚压，防止积存气泡。对合拢的接头进行修整，将多余的胶料用刀切去。在接头两边放上挡边装置，再依此放上加热板等硫化设备进行硫化。

以钢丝绳为带芯体的钢芯带的连接只能用热硫化胶接法进行连接，

其步骤是：按带型要求放好接头尺寸，拔出钢丝绳并按规定的尺寸截断，利用硫化刀修去钢丝绳上的残胶后利用砂纸进行打磨，再用120号汽油清洗干净，最后在钢丝绳上涂刷两遍胶浆。把胶料平铺在硫化机上裁剪好清洗干净，涂刷两遍胶浆后，把两端处理好需要连接的钢丝绳，相对应摆好，盖上覆盖胶，收紧挡边装置，再依此放上加热板等硫化设备最后进行硫化。

在硫化过程中，按硫化的技术要求严格控制好硫化时间、温度、压力“三要素”；水压袋的压力要保持在1.2~1.6兆帕，加热板各点的温度均匀上升，温度控制在150℃左右进行恒温45分钟，然后断电自然冷却，当温度下降到70℃时拆除硫化器，清理接头部位的多余胶料，完成运输带接头的胶接过程。

运输带接头热硫化胶接法的接头平整、光滑，无连接缝，且强度大，相当于运输带本体强度，其使用寿命与运输带一致。但是胶接工艺复杂，特别是硫化时间长，适合于长距离运输的大中型运输带机的操作。

合理的连接工艺决定了连接的质量，进而影响带式输送机的正常运行，也关系到输送带的使用寿命。

（杨华清）

原料场矿石堆积工艺的奥秘

原料是钢铁生产的基础，原料质量的好坏将直接影响产品的质量。而这原料场上的矿堆，在很多人看来，就是“远看一堆矿，近看矿一堆”，难道这矿石堆里面也能有奥秘？

这矿石堆里不仅有奥秘，而且还大有奥秘所在。目前，各大钢铁企业都十分重视原料的处理工作，大多数钢铁厂都已经实施精料方针，并为此设置了专门的原料场，用于贮存铁矿石等各种钢铁原料。通常，钢铁企业使用的矿石品种多达几十种，每种矿石的物理性质和化学成分相差很大。矿石在进入原料场之后，要经过堆料、转运、混匀、取料等工艺，然后再送往下道工序。矿石在堆积过程中，由于有的矿石粒度大，有的矿石粒度小，粒度大的矿石堆积过程中滚落到矿堆的底部，而粒度较小的矿石滞留在矿堆的上部，因此，就造成了矿堆的粒度偏析现象。原始粒度范围越大的矿石，堆积时发生的粒度偏析现象越严重，粒度的偏析必然增大矿石成分的波动，造成原料质量变差。在钢铁行业的微利时代，各个钢铁企业在想尽一切办法降成本的巨大压力下，不得不大量采购品质相对较差的低价矿。然而，原料质量的好坏直接关系到下工序甚至整个企业产品的质量，故如何确保矿石在堆料和取料的过程中，降低原料成分波动，稳定原料质量，成为钢铁企业必须重视的课题。这就需要在一次料场通过采用预混匀技术来提升原料质量，这也就是矿石堆积工艺中的奥秘所在。

◎ 一次料场

所谓预混匀，即原料进入一次料场时，在堆料和取料过程中，不是任意地堆取，而是按照一定的工艺对原料进行堆取，以达到降低原料成分波动和粒度偏析的目的。预混匀技术最早是由前苏联开始实施，后来，日本等国的钢铁企业也逐步开始实施预混匀技术。20 世纪 70 年代，新建立的宝钢，设置了专门的原料场，同时也引进了先进的预混匀技术，此后，原料的预混匀技术在中国得以迅速发展。

为了防止原料在堆料时发生粒度偏析造成成分波动，一次料场在堆料过程中通常采用一些特定的布料方式，如鳞状布料、三棱形布料和条形布料等布料方式。这三种布料方式的形成分别来源于不同的堆料方式。

◎ 鳞状布料

◎ 三棱形布料

◎ 条形布料

为降低原料成分波动，一次料场堆料作业主要采取定点堆料、旋转堆料和行走堆料三种基本堆料方式。定点堆料分为以行走为主的定点堆料和旋转行走组合的定点堆料。以行走为主的定点堆料在堆料机不需要回转，可省掉回转机构，降低设备成本，适合单列的料场。旋转行走组合的定点堆料堆成矩形或者菱形料堆，适合在多列料场的堆料。菱形堆料法是行走起点与终点保持不变的一种堆料方法。堆料机从固定点连续回转完成每列堆料，料堆呈菱形。旋转堆料可分为继续旋转加断续行走堆料法和连续旋转堆料法，料堆的形状呈菱形或者近似四边形。

一次料场取料作业，通常采用的是悬臂式斗轮堆取料机，根据料场取料设备的结构和料场工艺要求，采用的取料作业有旋转分层取料、定点斜坡取料和连续行走取料等作业方式。旋转分层取料根据料堆高度又分为分段和不分段取料两种作业方式。分段取料就是根据要求将料场条形料堆按料条长度分成几段取完。不分段取料法是一种全层取料法，就是将分段取料作业中的给定取料长度变成整个料堆长度，臂架旋转将整个料堆全部取完后再转向下一层。这种作业方式效率最高，可避免作业过程中由于料堆塌方而造成斗轮和臂架过载，这种方法适用于较低和较短的料堆，在作业中臂架一般不会碰及料堆。定点斜坡取料方式是斗轮沿料堆的斜坡按照一定的进给量，由上往下逐层旋转取料。这种方法作业效率低，且料堆容易塌方，但由于它是按照料堆截面取料，因此所取出的物料混匀效果较好。连续行走取料方式是斗轮取料机在行走过程中进行取料。这种取料方式作业效率高，取料量稳定，但连续行走功耗大。

武钢港务公司现有三大一次料场，根据矿源和运输方式的不同，分为两个水运一次料场和一个陆运一次料场。水运一次料场主要贮存由船舶运输进港的原料，大部分为进口矿石。陆运一次料场主要贮存由铁路运输进港的原料，主要为国内矿石和熔剂矿等。进入港务公司原料场的原料品种多达几十种，每种矿石的理化性能均不同。为降低原料成分波动，稳定矿石质量，港务公司在一次料场采取预混匀措施。通过采取这些特定的堆取料作业方式，对原料实施预混匀，能够有效地降低一次料场原料的粒度和成分偏析，从而降低了原料成分波动，为钢铁的顺利生产提供保障。

（唐秀兰　马贵生）

话说混匀矿

混匀矿，顾名思义，就是多种矿石经过混合均匀后的混合矿石。钢铁厂的矿石原料，由于来源不同、品种多样，以及由于矿山产品不稳定，常常会有种类杂、成分和粒度波动大的情况。这种情况会引起烧结矿质量的波动和高炉冶炼时炉况的不稳定。矿石混匀是一种原料加工处理工艺，根据烧结和炼铁的要求，将各种含铁原料按照设定的配比，利用混匀设施，将原料均匀堆置在料场内，铺成又薄又长的许多料层，这种作业方式称为原料的混匀作业，也称为原料的中和，其产物称为混匀矿。矿石的混匀是现代精料工作的重要内容，经过混匀后的矿石粒度和成分均匀，能为烧结和炼铁提供质量稳定的矿石原料，从而提高烧结矿的品质以及改善高炉生产的技术经济指标。

原料混匀是国外20世纪60年代兴起的一种原料处理技术，它通过将多种散状原料按一定比例进行精确配料，使混合料质量稳定。它对提高烧结、炼铁的产量和质量，降低能耗及利用氧化铁皮、高炉灰等厂内循环原料有积极作用。我国原料混匀技术的发展经历了几个不同的时期：解放前和建国初期，我国各钢铁厂只有一些简易凌乱的堆料场，原料准备技术十分落后。随着钢铁工业的发展，通过我国原料准备技术人员在实践中不断摸索和总结，努力提高原料准备技术水平，使我国的原料混匀技术从一片空白发展到接近国际先进水平。进入21世纪后，原料混匀技术的重要性更是与现代物流、循环经济和节能减排密不可分。

◎ 混匀料场

混匀料场是生产混匀矿的主要场所。一次料场供给的原料品种繁多，成分不稳定，这些原料须在混匀料场经过混匀作业，变成成分均匀单一的含铁原料之后，方能送往下道工序。原料混匀方法很多。根据料场建设情况可分为室内混匀料场和露天混匀料场。目前露天混匀料场较常见，因其容量大，混匀效果好，投资少。在防寒要求很高和多雨条件下，可考虑采用室内料场，但其容量小，投资高。若根据料场占地形状分，有圆形料场和长方形料场。长方形料场布置灵活，发展扩建方便，故长方形料场在钢铁厂使用较普遍。根据料场使用的设

备又可分为堆料机—取料机混匀法、堆取料混匀法、桥式吊车混匀法和门型吊车混匀法四种形式。其中，堆料机—取料机混匀法的堆、取料分开的方法因其混匀效果较好，得到了广泛采用。而堆取料混匀法堆、取合一的方法不仅混匀效果差，而且设备复杂，仅为少数小型料场采用，目前新建大型现代化料场已不采用。桥式吊车混匀法和门型吊车混匀法混匀效果较差，基本不采用。

混匀矿的生产过程包括建堆和取料两大过程。混匀建堆指的是将各种成分、粒度等理化性能不同的单品种原料，通过配料槽，按照一定的配比进行配料。配好的物料，经过胶带输送机运送至堆料机，再由堆料机沿料场长度方向来回反复行走，将物料一层层铺设到混匀料场，通常铺设层数在400~600层之间。混匀取料指的是将已经建堆完成的物料，通过取料设备进行取料，并将物料送往下工序。目前，应用最广泛的取料设备有双斗轮取料机和滚筒取料机。双斗轮取料机结构简单，易于维护，但是取料过程中对物料的混匀效果较差。滚筒取料机相对来说，结构比较复杂，但取料过程中，由于是全断面取料，能够较好的对物料进行再一次的混匀，提高混匀效果。目前，大多数新建的原料场均采用滚筒取料机。

如何评价混匀矿质量的好坏？混匀矿成分的稳定是判断混匀效果好坏的主要依据，而衡量混匀矿成分稳定的指标主要有极差、标准偏差和成分波动合格率。其中成分波动合格率是衡量混匀效果最有效的指标，既能够有效的反映混匀矿稳定的程度，又能够反映混匀矿质量由于系统因素引起的异常波动，但在衡量混匀矿成分稳定性方面，要结合标准偏差。混匀矿质量的好坏也受到很多因素的影响。首先是受物料特性的影响，包括物料的粒度、水分、成分稳定性等方面。物料的粒度与安息角之间有着密切的关系。一般来说，粒度越小，安息角就越大，粒度均匀则混匀效果好，粒度组成差别大则混匀效果差。物料的亲水性和黏性同样会影响混匀矿质量，通常，亲水性和黏性大的矿石，一般含水量较高，在铺料过程中不易均匀铺开，往往出现团，造成成分的偏析，影响混匀效果。预配料作业对混匀矿质量的好坏也有较大的影响，经过预配料的料堆，可以使单品种矿石含铁量的标准偏差下降，在混匀过程中能取得较好的混匀效果。此外，堆料层数对混匀效果也有很大影响。经试验研究证明，适当增加堆料层数，可以降低混匀矿的标准偏差。但是，当料层数增加到一定的数值后，再增加堆料层数，对于混匀矿质量的影响不大。

武钢港务公司拥有国内先进的混匀料场，拥有四个混匀料条，均采用一堆两取的作业方式，单个料堆的堆料量分别达到 15 万吨和 22 万吨。多年以来，武钢港务公司坚持质量效益型道路，严格执行规范化管理、标准化操作，以“产品一流、技术一流、管理一流、节能环保一流”为奋斗目标，目前，年产混匀矿超过 1700 万吨，其混匀矿指标获得“中国企业新纪录”奖，为武钢生产高产优质的产品作出了贡献。

（唐国成　黄海香）

为高炉烹饪美味佳肴

钢铁是怎样炼成的？亲爱的读者你的脑海里也许会展现出这样一幅图画：在蓝天白云的衬托下，高大威武的高炉巍然伫立，这是钢铁企业标志性的形象。

但是提到烧结生产，其形象在大多数人心中可就不那么具体了。烧结生产是钢铁企业生产线上的一个工序，是炼铁生产的前工序，烧结矿的质量在很大程度上决定高炉生产的各项技术经济指标和生铁质量。烧结过程是一个复杂的高温物理化学反应过程，就是将添加一定数量燃料的粉状物料（如粉矿、精矿、熔剂和工业副产品）进行高温加热，在不完全熔化的条件下烧结成块，所得产品成为烧结矿。

打个比方说，如果高炉是钢铁巨人，那么烧结生产就是为高炉烹饪美味佳肴。别看高炉外表高大魁梧，可肠胃却很娇气，饭菜质量不好就会闹肚子、便秘、发烧。它要求烧结矿含铁量要高，粒度组成要均匀，气孔率大，成分稳定，还原性能好，含碱性熔剂，造渣性能好。怎样为高炉烹饪出既营养又利于消化的美味佳肴呢？

首先要选好新鲜优质的烹饪原料。烹饪的原料可以分成三种：主材、调料、油料。传统的烹饪主材有鸡、鸭、鱼、猪、牛、羊等众多的菜肴，也有植物类的白菜、西红柿、茄子等。调料有葱姜蒜、胡椒味精盐等各种调料。油料有色拉油、花生油、菜油等。

烧结生产也有三种原料：含铁原料、碱性熔剂、固体燃料。含铁原料就好比烹饪中的主材，也是组成烧结矿的主体，分成四种类型：磁铁矿、赤铁矿、褐铁矿、菱铁矿，通常在烧结原料场或原料仓库要分门别类地堆放储存；碱性熔剂好比调味料，通常有石灰石、白云石、消石灰、生石灰固体等；固体燃料是烹饪中的油料，通常有焦炭、无烟煤，储存在专用仓库或场地。

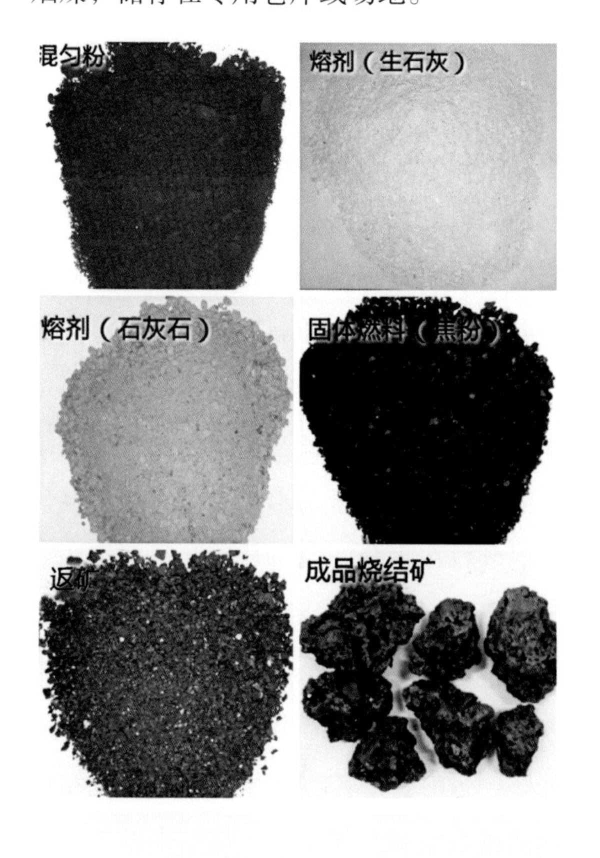

由于食材本身的特性，或食材的形式不同，需要对食材进行“刀工”切制成形。碱性熔剂是菜肴中的调味料，烹饪前需要用刀切碎，这样才能入味。烧结生产对其粒度也有一定的要求，一般要求粒度为0~3毫米的含量不低于90%，通常进入烧结厂的石灰石（白云石）粒度为0~40毫米，在配料前必须将熔剂破碎至生产所要求的粒度。

油是传热的介质，也就是食物通过油和锅的热传导加热成熟的，食物只有通过油与金属的传热，才会让我们的饭菜更加美味。烧结过

程是高温液相冷凝固结过程，高温热量的获得是通过燃料燃烧得到的。燃料燃烧反应是烧结过程中最主要的反应，提供了烧结过程中的大部分热量。固体燃料就像食用油，加入到含铁原料中，经过加热处理，味道会更好。固体燃料通常有焦炭、无烟煤，储存在专用仓库或场地。一般固体燃料要求粒度为 0~3 毫米的含量不低于 70%。

食材选好以后，配料在烹饪中至关重要，各种菜的搭配很有讲究，一般炒菜时放肉就要放葱姜，煸出香味；西红柿配鸡蛋最好；烹调鱼肉时添加少许的酒，可以去腥味。烧结生产与烹饪很相似，根据规定的烧结矿化学成分，通过配料计算将使用的各种原料按比例进行配料。国内采用重量及容积法全自动配料，从而使烧结矿的物料化学指标越来越好，化学成分的波动范围越来越小。

有些蔬菜在炒菜之前需要焯水，是为了设法排除“毒素”，如草酸，草酸不仅涩口，更重要的是它与食物中的钙离子结合，形成不溶性的草酸钙，不能被人体吸收，含有草酸的食物例如扁豆、四季豆等。各种原料按照一定比例配料好以后，像四季豆一样需要焯水，但是不是为了“排毒”，而是有两个目的：一次混合的目的主要是将配好的烧结混合料混匀并加水湿润；二次混合除补充少量的水分继续将物料混匀外，主要目的是制粒，是烧结混合料在水分的质量分数和粒度组成上满足烧结工艺要求，有的烧结厂还采取三次混合工艺。

食物原料经过充分准备以后，就可以加热烹制了，这是原料由生变熟，最后构成完美菜肴的关键阶段。烧结过程其实就是加热烹制美味菜肴的过程，包括布料、点火、烧结终点等工序，435 平方米烧结机就是一口平底大锅，点火炉和抽风系统就是煤气灶，烧结中控工就是厨师。开始炒菜啦！首先将做菜的原料——铺底料、混合料分别按照先后顺序平铺在烧结机台车上这口大锅里，保证烧结料层达到所规定

的厚度，料面要平整。再用气体或液体燃料对烧结料面点火，将表层混合料中的固体燃料点燃，以利于表层产生熔融相而黏结成具有一定形状大小的烧结矿。这时主抽风机该发挥作用啦，它可以提供强大的抽风负压，只要将混合料表层的燃料点燃之后，在向下抽风的作用下，热量就可以一直向下传递继续点燃下层的燃料，提供足够的热量使反应继续下去。烧结料在高温条件下产生一系列的物理、化学反应，产生一定量的液相，在液相冷却、结晶时将烧结料黏结成块。这是不是说美味大餐就做成了？当然不是。前面说过高炉的胃肠很娇嫩，要求大餐不仅色香味美，而且还要冶金性能好，还原度高，化学成分稳定，物理强度高，粒度小、匀、净的熟料。因此美味大餐还要经过烧结矿成品处理，包括热破碎、热筛分、冷却、冷破碎、冷筛分，粒级为 5~50 毫米部分为产品烧结矿，其中分出粒级为 16~25 毫米的部分作为铺底料，粒度小于 5 毫米的为返矿。美味大餐做成了，怎样让这位大胃王能吃到嘴里呢？

一座 3200 立方米高炉的饭量很大，如果烧结矿熟料比按照 70% 计算，它一天能吃进 8000 多吨的美味佳肴（烧结矿），这么庞大的原料、成品运输一般采用胶带运输机，此外还有斗式提升机、板式运输机和链板运输机。随着科学技术发展，目前还使用了气垫胶带机和管状胶带机，还有风动运输设备等。它们就像人体的大动脉，日夜不停地为高炉输送美味可口的大餐。

◎ 武钢二烧烧结机

高炉是有生命的，既要保证高炉这位巨人吃饱，又要保证它吃好，这是烧结人每天努力的目标。优质、高产、低耗保高炉是烧结人对高炉的承诺，我们将昼夜不停为高炉烹饪美味佳肴，烧出精品，为下道工序百炼成钢作贡献。

（熊飚　杨慧　董存曦）

武钢烧结厂一烧车间外貌

“其貌不扬”的煤焦油

一位化学家曾说过：没有煤焦油，便没有近代有机化学合成工业。这话可一点不假。别小看了有着难闻的刺鼻气味且“黑乎乎”的煤焦油，在人们的日常生活中却处处离不开它。

煤焦油是在炼焦工艺过程中产生的副产物，按最终加热的温度不同，可分为低温、中温和高温煤焦油，它们的加热温度区间分别为：低温煤焦油为500~700℃，中温煤焦油为700~900℃，高温煤焦油为900~1100℃。

煤焦油经过蒸馏可以提取出酚类、萘类、蒽类及沥青类物质，它们与人们日常生活息息相关。

粗酚可作为增塑剂、杀虫剂、染料、维生素 E 及香料等精细化学品的原料。

萘广泛应用在染料、颜料、橡胶助剂、建筑、医药和农药中间体或产品的生产中，由萘而合成的苯酐，是水泥良好的快干减水剂。

蒽油是生产炭黑的主要原料，世界炭黑总量的 70% 用来制造轮胎，大约有 80% 的炭黑轮胎是消耗在汽车工业上；蒽油深加工可提取高附加值的蒽醌、菲和咔唑。

煤沥青是生产碳材料包括以生产石墨电极为主的冶金碳素和电解铝用阳极，作为电炉炼钢用超高功率石墨电极（UHP）。

你钓过鱼吗？你所使用的碳纤维钓鱼竿，就是由煤焦油或煤焦油沥青聚合生成可纺性沥青，再经热熔纺丝制成沥青碳纤维。碳纤维用于制作复合高温密封材料，近年来在航天、汽车、体育等领域“崭露头角”。

以上这些化工产品必须由煤焦油经过蒸馏精制才能获得。在 20 世纪时我国煤焦油加工装置大多只有 5 万吨规模，仅仅在鞍钢、宝钢、武钢几个钢铁企业的焦化厂，其焦油加工才有 10 万吨装置。

由武汉钢铁股份有限公司和中国平煤神马能源化工集团共同组建的武汉聚焦精化工公司的 50 万吨煤焦油加工项目，于 2013 年底建成运行。

这套装置是目前国内单套最大的煤焦油加工装置，比起 10 万吨、15 万吨装置来说可谓是焦化行业中的“大哥大”。这套装置不但“块头”特大，而且“能耐”也高，处理能力最大，技术最精，采用多项当今先进的化工工艺新技术。

武钢 50 万吨焦油加工装置技术含量高，该项目焦油蒸馏工艺打破了传统的常压操作流程，焦油蒸馏采用常—减压蒸馏工艺，焦油常压脱水、洗油馏分及一蒽油馏分负压切取工艺。与国内常压蒸馏相比，减压蒸馏既降低了操作温度，又减少燃料消耗量；不产生含酚废水。焦油减压工艺可使温度降低 60~70℃，加工 1 吨焦油节约标煤 45 公斤标煤，但设备容量大 20%，需要增加真空泵等设备，设备复杂、材质要求高、投资高。宝钢、山西焦化、济钢等焦化企业均采用焦油减压技术，它是煤焦油加工的方向。

该套焦油加工装置还采用了多项先进的节能环保措施：用导热油加热替代蒸汽加热，节约蒸汽，减少冷凝水排量；且油品贮槽采用氮气密封，减少了油气的释放量，减轻对环境的污染。

煤焦油是世界上不可多得的多碳分子有机物，有着广泛的加工意义，不少深加工产品是石油化工不可替代的。当今石油能源的紧张，使各国的目光聚集在煤炭综合利用开发上，从煤炭中制取石油替代品，促进了煤炭综合利用及煤焦油深加工的发展。

（杜 婉 丰恒夫）

武钢 50 万吨焦油加工装置

粗苯为什么要加氢？

粗苯是炼焦荒煤气中产生的副产品，呈淡黄色液体，其组分复杂，除含有苯、甲苯、二甲苯等芳烃外，还含有大量的炔烃、烯烃及氮、硫、氧化合物。由于其中含有一定量的硫、氮、氧化物及杂质，必须将其去除，通过精制以获得高纯度的苯类产品，才能满足化工合成需要，也提高了其附加值。

轻苯精制方法主要有酸洗法和加氢精制法两种。酸洗法源于 20 世纪 50 年代，工艺落后、产品质量低，无法与石油苯竞争，而且收率低、污染环境，产生的废液很难处理，我国已明令禁止不再建酸洗法的粗苯生产工艺。

苯加氢是轻苯催化加氢的简称，是近年来焦化行业苯精制的方法之一，也是目前国内普遍推广的轻苯精制方法。它是指在一定的温度、压力条件下，在专用催化剂、纯氢气的存在下，通过与氢气进行反应，使轻苯中的不饱和化合物得以饱和，使轻苯中的含硫、含氮、含氧化合物转化成硫化氢、氨气、水等，从而得以去除。

通过加氢反应，可以脱出轻苯中的含氮、硫、氧化合物，得到含硫低于 1ppm（相当于 0.0001%）的“加氢油”，加氢油通过逐级精馏，最终获得纯度达 99.95% 以上的苯、纯度达 99.9% 以上的甲苯、纯度达 99% 以上的二甲苯。

在发达国家都已采用加氢精制法，产品可达到石油苯的质量标准。国内有很多企业已建成投产或正在建设苯加氢装置。20 世纪 80 年代，上海宝钢从日本引进了第一套莱托法（Litol）高温加氢工艺；90 年代，石家庄焦化厂从德国引进了第一套 K.K 法低温加氢工艺；1998 年，宝钢引进了第二套 K.K 法加氢工艺；近年来，武钢、昆钢、马钢等大型钢铁焦化企业也都先后引进低温催化加氢工艺，取代原有的酸洗工艺。采用此工艺，没有污染物产生，产品质量好，符合国家产业政策的要求，越来越得到焦化企业的青睐。

苯加氢的主要生产单元包括：加氢精制系统，主要作用是脱出轻苯中的含氮、硫、氧化合物；预蒸馏系统，主要作用是将二甲苯及其他高沸点组分从加氢油中分离出来；萃取蒸馏系统，主要作用是将芳烃与非芳烃分离开，获得产品苯、甲苯、非芳烃；二甲苯蒸馏系统，主要作用是获得产品二甲苯及重芳烃。

苯加氢工艺的迅猛发展得益于其污染小、产品产率高、产品质量

苯加氢装置外景

优等优点，目前已成为焦化企业新的增长点。其主要产品苯、甲苯、二甲苯同属于芳香烃，是重要的基本有机化工原料。由芳烃衍生的下游产品，广泛用于三大合成材料（合成塑料、合成纤维和合成橡胶）和有机原料及各种中间体的制造。纯苯大量用于生产精细化工中间体和有机原料，甲苯除用于歧化生产苯和二甲苯外，其化工利用主要是生产甲苯二异氰酸酯、有机原料和少量中间体，此外作为溶剂还用于涂料、黏合剂、油墨和农药等方面。二甲苯在化工方面的应用主要是生产对苯二甲酸和苯酐，作为溶剂的消费量也很大。间二甲苯主要用于生产对苯二甲酸和间苯二腈。

由于苯加氢技术的先进性，国内已有越来越多的焦化企业选择苯加氢工艺。截至 2013 年底，我国苯加氢装置有近 60 套，总加工能力达 470 万吨苯。随着社会的进步及科技的发展，相信会有更加先进的苯加氢工艺问世。

（张　涛）

武钢联合焦化公司外景

炼焦煤调湿是咋回事？

煤调湿（Coal Moisture Control）是调节煤的“湿度”，缩写为CMC，说白了是控制炼焦煤水分的工艺，是将炼焦煤在装入焦炉前去除一部分水分，使配合煤水分稳定在7%左右，然后装炉炼焦。它是一种炼焦用煤的预处理技术，即通过加热来降低并稳定控制装炉煤的水分。

太钢煤调湿装置

◎ 宝钢煤调湿设备

为何要将炼焦煤进行调湿呢?

炼焦煤带着较高水分进入焦炉，既需要多消耗加热煤气，又产生大量难处理含酚废水。所以，煤调湿技术以其改善焦炭质量、降低炼焦成本、具有节能和环保的优势，越来越受到重视。

那么，为何要将炼焦煤调湿呢?

其一是降低炼焦耗热量。常规的顶装炼焦煤水分通常在 10%~13%，采用煤调湿技术后，煤料含水量每降低 1%，炼焦耗热量就降低 620 兆焦 / 吨（干煤）。当煤料水分从 11% 下降至 6% 时，炼焦耗热量节省 310 兆焦 / 吨（干煤）。

其二是改善焦炭质量。装炉煤水分的降低，使装炉煤堆密度提高，煤料干馏时间缩短，焦炉生产能力可提高 7%~11%；焦炭质量也得到改善，焦炭反应后强度提高 1~3 个百分点；在保证焦炭质量不变的情况下，还可多配弱黏结煤 8%~10%。

其三是减少了废水的产生量。煤料水分的降低可减少 1/3 的剩余氨水量，每吨煤能减少剩余氨水 44 千克，也减轻了废水处理装置的生产负荷。

煤调湿有哪些形式呢？

日本最早开发了煤调湿工艺，后来在俄罗斯等国家成功应用。目前按热源形式的不同，大致可分为三种：

——用导热油为热源。用导热油的热量去干燥入炉煤以达到去湿的目的。这是第一代煤调湿技术。重钢焦化厂于 20 世纪 90 年代采用热煤油作热载体，经间接换热送入多管式回转干燥机，与湿煤间接接触，来控制洗煤的水分，处理能力为 140 吨 / 小时。

——用蒸汽作热源。用干熄焦装置产生的背压汽作热源，在多管回转干燥机内与湿煤进行间接热交换。世界上采用这种工艺的煤调湿装置最多，有成熟可靠的操作经验，其设备紧凑、占地面积小、运转平稳、操作运行费用低。这种采用蒸汽为热载体系第二代煤调湿技术。

宝钢、太钢就是采用蒸汽热载体技术。宝钢煤调湿采用回转筒式低压蒸汽工艺（1.2~1.6 兆帕，240~260℃），每小时处理量达 330 吨。太钢 400 吨 / 小时是我国目前最大的煤调湿项目，于 2008 年 12 月投产，其换热管材及蒸汽室板材为太钢生产的双相不锈钢，干燥机外壳筒体用钢为太钢生产的复合板。宝钢及太钢的煤调湿装置使入炉煤水分由 10% 降到了 6.5%。

——用焦炉烟道气作热源。以焦炉烟道废气为热载体，通过流化床干燥机将装炉煤进行直接加热干燥。这种技术回收利用焦炉烟道废气，对于减少温室效应是大有裨益的，平均每吨入炉煤可减少约 35.8 千克的二氧化碳气排放量。

济钢用焦炉烟道气作热源的煤调湿项目，300 吨 / 小时规模的生产数据表明：焦炉烟道气温度由 240℃降至 60℃左右，配合煤水分降低 2%。

煤调湿技术的效益

焦化行业作为耗能及节能减排的大户，在金融危机的冲击下，如何合理利用煤炭资源、降低生产成本、保护环境，更是关注的焦点。在炼焦煤供应日趋紧张的状况下，能显著降低入炉煤水分而使炼焦工序能耗下降的煤调湿技术，已成为炼焦行业新的经济增长点。

太钢采用此技术后，焦炉结焦时间缩短 4%，酚氰污水排放减少 3.5%，焦炉生产能力提高 7%，年可节约能源 27.1 万吉焦，相当于 9226 吨标准煤。济钢的煤调湿装置使炼焦耗热量降低 5%，工序能耗降低了 14 公斤标煤，焦炭抗碎强度提高 1%~3%，年可减少污水 8 万吨，回收热量折合 1.2 万吨标准煤，年创效益 2600 万元。

2013 年，我国大中型钢铁企业高炉炼铁需要冶金焦炭约 13566 万吨，如果全部采用煤调湿技术，其产生的直接效益为：

（1）减少炼焦耗热量相当于节约焦炉加热煤气 96~100 万立方米，折合标煤 132~140 万吨；

（2）减少剩余蒸氨废水 617 万立方米，折合标煤 15.8 万吨；

（3）净回收标煤约 150 万吨。

煤调湿技术的应用前景

以蒸汽为热源的煤调湿技术，设备紧凑、占地面积小、运转平稳、操作简单、技术成熟，目前世界上已运行 30 多套；以焦炉烟道废气为热源的煤调湿工艺，余热利用率高、工艺流程短、投资省、操作成本低。两种工艺各有利弊，各具千秋。日本2010年有47组（座）焦炉，其中9组（座）采用了以焦炉烟道废气为热源直接加热的流化床煤调湿技术，24座采用了以低压蒸汽为热源间接加热煤调湿技术。

煤调湿以其显著的节能和环保效益正在得到焦化企业的认可，国家发改委已把煤调湿工艺列入焦化行业推广项目，同时被列入“焦化行业污染防治规划”重点项目，成为节能减排的新亮点，从根本上减缓了焦化生产的资源消耗总量和污染物排放量。截至2013年底，我国宝钢、太钢、攀钢、昆钢等焦化企业共有10套煤调湿装置在运行，武钢、鞍钢、沙钢、南京钢、安钢的煤调湿工程正在积极进行前期工作。

我国已基本上掌握了煤调湿关键技术，必须加快主体设备国产化的研发，逐步解决制约煤调湿技术发展的瓶颈问题：由于入炉煤中水分的降低，粉尘发生量增加，在装煤生产操作及运输过程中产生大量的粉尘，影响环境；这些小于3微米的煤粉如何筛选分离及成型炼焦；荒煤气中的粉煤进入回收化产系统，影响煤气、焦油质量等，以促使我国煤调湿技术的健康发展。

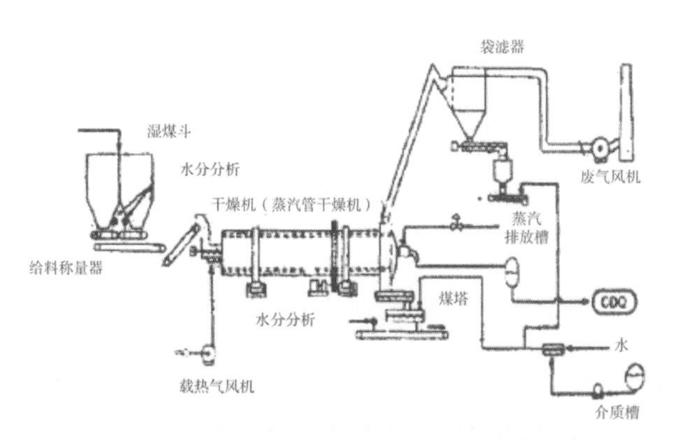

◎ 太钢、宝钢煤调湿工艺流程图

（丰恒夫）

诱人的干熄焦技术

在炼焦工艺中，当温度高达1000℃通红的焦炭从焦炉炭化室推出后，不是用水来熄灭，而是用惰性气体或非助燃气体吹熄，这种熄焦方法叫干法熄焦。

传统的湿法熄焦浪费大量水资源，污染环境，还降低了焦炭质量。出炉红焦的显热约占焦炉能耗的35%~40%，这部分能量相当于炼焦煤能量的5%。回收这部分热量就要摒弃湿法熄焦，于是干熄焦技术便应运而生。

干熄焦技术始于20世纪40年代，60年代前苏联取得了突破性进展，到目前为止俄罗斯有80%的炼焦炉的焦炭采用干法熄焦。日本、德国后来居上，将干熄焦技术推向了大型化和自动化，使这一技术更加趋于成熟。

干熄焦工艺是利用冷的氮气在干熄炉内与赤热红焦进行热交换，焦炭冷却至200℃以下，换热后的热气体（氮气）经除尘后进入余热锅炉产生蒸汽，每吨红焦的显热可产生4.0兆帕、450℃中压蒸汽0.5吨左右，可回收约80%的红焦显热。

干熄焦技术有三大明显优势：提高焦炭质量、回收红焦显然和消除湿法熄焦对环境的污染。

一是提高焦炭质量。1000℃左右的红焦在干熄炉内与冷气体换热，相当于对焦炭进行“焖炉”，起到了整粒的作用，粒度均匀系数由1.80提高到3.3，从而降低了内部热应力，网状裂纹减少，气孔率低，因而其转鼓强度提高，从而质量得到了提升。干熄焦炭与湿熄焦炭相比，焦炭的抗碎强度可提高2%~5%，耐磨强度可改善0.5%~2%。国际上公认，大型高炉采用干熄焦炭能使高炉炼铁焦比下降2%，高炉生产能力提高1%，从而降低炼铁生产的成本，其在高炉炼铁工序产生的延伸效益十分明显。

二是回收红焦热能。对于一座每小时处理量140吨的干熄焦装置，除回收红焦显热发电外，每年还可产生0.95兆帕压力的背压蒸汽近40万吨，仅发电和背压蒸汽的年效益达300万元，而且大大地降低了炼焦成本，炼焦工序能耗下降了0.22吉焦 / 吨焦。

三是环保效益。湿法熄焦后的烟气携带大量粉尘飘落在焦化厂区，给周边地区带来环境污染。对规模为100万吨规模的焦化厂而言，采用干熄焦技术，每年可以减少8万 ~ 10万吨动力煤燃烧对大气的污染，相当于少向大气排放150吨烟尘，尤其是每年可以减排10万 ~ 18万吨二氧化碳，减少温室效应，保护生态环境。

随着现代炼铁技术的不断进步，高炉容积趋向大型化、无料钟和大喷煤强化生产技术的应用，给焦炭质量提出了更高的要求，而干熄焦是提高焦炭质量的有效途径。武钢焦化公司拥有7米、7.63米大容积焦炉，技术先进，装备水平高，共有140吨干熄焦装置5套。焦炭干熄后质量显著提高，以7.63米焦炉为例，焦炭抗碎指标达到了88%，耐磨指标为5.5%，反应后强度为65%，为武钢高炉强化冶炼提供了优质“食粮”。

随着国家对环保要求的严厉，干熄焦的节能和环保效益会日益凸显出来，得到焦化行业的认可。截至2013年底，我国干熄焦装置共147套，为世界之首，干熄焦炭的总产量位居世界第一。我国大中型钢铁企业焦炭生产干熄焦率达到84.07%。单套处理能力已达190吨/小时和260吨/小时，我国已成为世界上干熄焦装置建设最多的国家，干熄焦技术达到了国际先进水平。

（丰恒夫）

干熄焦装置

百炼成钢

BAILIAN CHENGGANG

漫谈高炉鼓风机拨风系统

煽风点火，常用来比喻煽动别人闹事，是一个贬义词。然而对于高炉生产来说，煽风点火极其重要。煽风点火的始作俑者为鼓风机。原始的高炉生产是一座高炉配备一台鼓风机。由于高炉生产具有连续性，从开炉一直到停炉大修期间一直连续生产。鼓风机在高炉生产工艺中是最重要的装备之一,一旦鼓风机发生故障或检修，意味着高炉必须休风停炉。曾发生过在线生产的高炉还因鼓风机突然停风，造成高炉风口等冷却设备的灌渣事故，甚至因处理不当导致煤气倒流至鼓风机，发生更严重事故。为此，有条件的企业选择备用一台鼓风机来保证高炉正常生产的需要。一般是三座高炉（同类型或有效容积相近）备一台鼓风机，即三座高炉配备

◎ 高炉鼓风机操作控制室

四台鼓风机，并且鼓风机之间相互连通，由一台在线生产的鼓风机作为拨风源，担任向某一个或多个高炉拨风的任务，各高炉送风管道均与拨风管道相通，各个鼓风机也与拨风管道以及各高炉送风管道相通，依靠阀门进行控制，形成一个连通网络。担任拨风源的鼓风机还可以转换，拨风阀门一般选择电动阀门（可快速开启）。高炉鼓风机拨风方法的运用，为保持高炉生产的连续性提供了保障，也为鼓风机的日常检修、事故处理创造条件。

那么，鼓风机的拨风系统是如何在不同鼓风机中实现拨风的呢？选一台在线生产的鼓风机作为拨风源，在保持正常给高炉送风的情况下，打开与拨风管道相通的阀门（其他鼓风机与拨风管道相通阀门关闭）进行充压，压力与高炉正常冷风压力一致。当某座在线生产的高炉因鼓风机发生设备故障，突然停风时，拨风管道上的拨风阀迅速打开，冷风从拨风管道上快速地流入到该高炉。拨风压力一般与该高炉炉料阻力相当，即正常压力差值，在此压力下可以确保高炉风口不会灌渣。立即启动备用鼓风机，大约 40~50 分钟（电动鼓风机）就能够送风。

◎ 风机拨风阀及其管道

鼓风机拨风优点是能够基本满足高炉最低生产要求，即防止高炉因突然停风，导致大量风口灌渣事故的发生，确保高炉安全生产。当然，拨风系统也存在不足之处，缺点一是因拨风导致两座高炉同时降压，影响生产，迫使能耗升高；二是因拨风阀有少量的泄漏，肩负拨风源的鼓风机（高炉）风压、风量有波动，对高炉生产的稳定性有一定的影响；三是增加成本。

鼓风机的拨风原则，一是对于鼓风机能力大小不一的机组，拨风管道的压力必须满足最大（有效容积）的高炉拨风压力的要求，即拨风时，大高炉与小高炉风口都不能灌渣；二是以小保大的原则，即以小高炉保大高炉正常生产的原则；三是就近的原则，如果高炉总数大于六座，且距离相距较远，可以选择分段进行保拨风，即确定两个鼓风机作为拨风源分段进行保拨风。

◎ 武钢 7 号高炉炉顶

（戴志宝　王永磊）

现代高炉炼铁辅助技术

伴随着国内炼铁技术的进步，炼铁辅助技术也发生着日新月异的变化，运用高新技术所生产的产品可谓琳琅满目：水渣、干渣、煤气、瓦斯灰、除尘灰、铸铁块等。二次资源的再利用不仅满足了用户的要求，而且被客户开发利用后又以崭新的面貌呈现在我们面前。如水泥、渣棉、膨球等，这些产品与我们的生活有着密不可分的关联，干渣经加工变成了建筑用的青砖；水渣制成了建筑用的各种标号的水泥等。部分商家更是将废弃的矿渣变成了各种铺路用的石料，铺出的道路既美观又实用。

水渣技术的成果

炼铁辅助技术随着炼铁技术的快速发展而发展，武钢炼铁 20 世纪 70 年代使用的水冲渣工艺技术很快被 90 年代投产的五号高炉所引进的欧洲英巴工艺技术所取代。炼铁辅助技术不仅仅是满足工艺布局要求和生产需要，更着眼于成本消耗和满足用户要求。

虽说水冲渣设备和英巴设备所生产出来的水渣，使用户得到满意的水泥原料，或制作渣棉或膨球的材料，但这两种设备的投入和产出是不一样的。

◎ 英巴设备

70 年代水冲渣工艺需要足够的水量和水压，以保证液态渣充分地降温，避免蒸汽聚集产生爆炸带来的危险；水道要有足够的坡度和长度，保证充分的冷却和沉淀再进入到渣池，因此它需要足够的空间和场地，才能完成它的任务。

这个年代高炉火红的渣铁向一群野马从高炉铁口中涌出，又平缓地经过砂口；渣和铁因自身重量不同而在此又被分离，各自又奔向自己的铁道和渣道上；火红的熔渣奔涌着来到水冲渣槽中，此时被巨大的水柱裹拥着并顺着长长的坡道蜿蜒向前。水流依然向前流淌，红渣

则变成了灰色的粉状物，被水裹拥着逐渐沉积进入到渣池。

90 年代炼铁高炉英巴冲渣法是熔渣进入粒化器后被粒化，再进入转鼓过滤装置进行脱水，转鼓转动带动叶片将网底部的水渣带到顶部，卸到皮带运输机进入成品槽，装车运走，犹如古代的水车。它的特点是占地面积小，自动化程度高，需要投入较多的设备维护精力；但是水渣技术的发展为企业创造了更多的利润，也使用户更便利地得到所需产品。

◎ 水冲渣设备

铸铁技术的成果

钢铁生产过程中经常会碰上设备检修暂停生产，为保证钢铁生产平衡，就需要将多余的铁水粒化成球或铸成块，供炼钢使用。

铁水粒化成球需要强大的水压冲击，并充分和迅速地对液态铁水降温，冷凝后的铁水就会自然成球；这就需要有充分的安全保障，规避爆炸的风险。还是铸铁机技术更安全些。随着铁水进入碳包和沟槽后，分流到行进中的铁模之中，再进入表面打水的雾化冷却段，洒落的水将表面铁水冷凝；再进入到强冷段，水压和水量明显大了许多，在这里结壳的铁水很快被冷却成块；再进入到车皮中，进一步喷水冷却后被运走。

铸铁机技术走过了三四代。有移动滚轮式铸铁机、固定滚轮式铸铁机、滚轮悬臂式铸铁机。移动滚轮式铸铁机和固定滚轮式铸铁机的轮距往往大于链节距，每一块铸铁模均有几百斤的重量，在经过强大的驱动星形齿轮后，往往会出现“点头”现象；在铁模注入铁水后，它的动载荷会极大地增加，就像一辆“重型卡车”在负重后变成了“百

◎ 第一代滚轮移动式铸铁机

吨游轮”；稍有不慎，链带就会拉断，为此，出现了滚轮悬臂式铸铁机，将驱动和负重功能分开，多个悬臂承载了铸铁机链带的动、静载荷，使得铸铁机链带运行更平稳了；注入铁模中铁水更加平稳地运行，铁水被水淋湿后很快变成了铸铁块，并顺利地脱模，落到车皮上或堆场再运输。

高炉瓦斯除尘技术的成果

高炉炼铁过程的“排泄物”——瓦斯灰含有铁、碳和少量有色金属，最早有重力除尘器清灰设备，现在有旋风除尘器清灰设备，除尘效率由原来的50%左右，提高到80%以上。高炉煤气通过下降管到达除尘器时，由于压降损失和体积的突然增大，使得炉尘灰速度减慢，依靠

◎ 旋风除尘器

自身重力落入除尘器锥台底部；而旋风除尘器是利用气流做旋转运动时所产生的离心力使煤气与瓦斯灰分离。旋风除尘器可令气流产生强烈的旋转，气流内所含有的杂质微粒，在离心力的作用下被甩向筒壁，与气流发生分离。尘粒在碰到筒壁后，离心力和惯性力被消除，在剩余的重力作用下沿筒壁下落，最后进入集灰斗。高炉运用旋风除尘技术后使半净煤气更纯了，煤气含尘量又减少了50%。

在瓦斯灰环保排放的使用上，各钢铁企业又不相同。有使用管道对接的无尘式排放；有使用加湿捕集排灰口处的夹杂煤气和大量粉尘的水蒸气等有毒有害混合气体的循环再除尘多级加湿机；也有用集灰仓取代搅拌机，用氮气加压集灰，再放气达到常压后再放灰。这些技术的使用后，周边的环境得到了很好的改善，天也更蓝了。

炼铁辅助技术的发展不仅如此，还在发挥着越来越大的作用，用户对炼铁辅助技术的产品需要种类繁多；如铸铁块在冶炼各钢种中的使用；精矿粉中加入瓦斯灰、除尘灰，经加工成球团又被高炉生产使用，烧结机上的精矿粉中加入瓦斯灰、除尘灰经过烧结成烧结矿等。炼铁辅助技术的发展既满足了生产布局要求，又减少了废物排放，降低了成本消耗，为企业获得了利润最大化。

（苏　明　苏贤伟　倪桂珍）

“面粉”的再利用
——铁水脱硫造渣剂

乍看标题，你也许会很惊讶地问道：“面粉”怎么会成为铁水脱硫造渣剂呢？真是闻所未闻。下面，就让我们来给大家揭开“面粉”铁水脱硫造渣剂的神秘面纱吧。

这里提到的“面粉”，其实不是我们生活中使用的面粉，而是一种

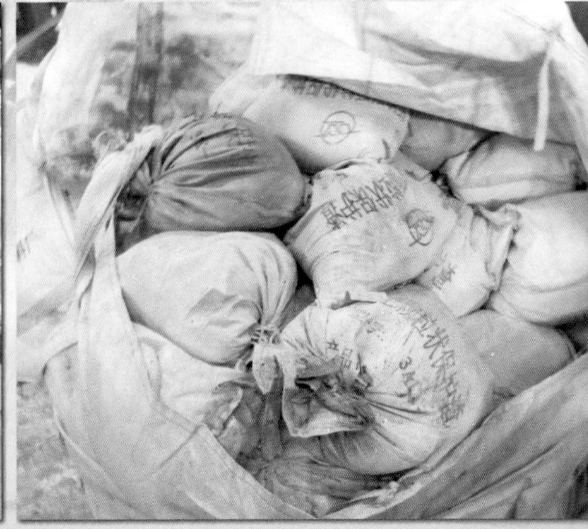

◎ 活性灰氧化钙粉

外观形态与日常生活中食用的面粉很相似的活性灰氧化钙粉末。其颜色呈现白色或乳白色，粒度均在 0.0374~0.075 毫米或者 0.0374 毫米以下。就其外观颜色及粒度看，它很难与食用面粉区分开，这也是为什么叫它“面粉”铁水脱硫剂的原因所在。

钝化石灰是转炉冶炼生产过程中使用最多、也是最为常见的“最正宗”的造渣材料之一。转炉生产为 24 小时连续作业，在冶炼生产过程中必须要专门为转炉冶炼提供所需的造渣材料。活性灰的主要生产设备——竖窑，用来将石灰石通过煤气煅烧，在温度达到 800~1200℃，石灰石受热分解为活性灰和气体，其反应过程时间的长短，与石灰石中氧化钙含量、煤气质量等有关。煅烧过程中常常伴随着“欠烧”和“过烧”的现象，由它们的名字不难看出，“欠烧”就是煅烧火候不到，而“过烧”则是煅烧的火候过了，使得石灰石块近 100% 煅烧成了活性灰，并使其粉化成为活性灰氧化钙粉末。无论是“欠烧”还是“过烧”都会产生活性灰氧化钙粉末。

铁水预处理过程中首要任务就是对高炉铁水进行脱硫处理，而目前大部分钢铁厂采用钝化镁金属颗粒脱硫法，其优点是成本低、渣量少、效率高等。当铁水出现低温、低硅和高硫等异常情况时，钝化镁脱硫效果就有所下降，其利用率会降低至 40% 左右，甚至更低。这时在生产过程就必须采取一定的手段，其中一项常用的且效果较好的方法，就是向预处理的铁水内投入一定量的钝化石灰进行脱硫造渣，即增加了铁水渣的渣量，这也增加铁水渣中硫的溶解度，从而保证铁水脱硫效果。而钝化石灰是需要外购的，这就增加了脱硫成本，这与现行提倡并践行的“低成本制造技术”是不相符的。为了进一步降低成本，武钢炼铁厂科技人员通过科研和试验，发现可以用活性灰粉末替代钝化石灰进行脱硫造渣。

活性灰粉末送样化验结果表明，其成分与钝化石灰“一模一样”，也就是说，活性灰粉末可以替代钝化石灰进行脱硫造渣。于是，武钢炼铁厂科技人员将活性灰带料过程除尘收集的粉尘汇总，然后进行分小包装并运输到脱硫生产现场。按照试验方案进行试验，跟踪记录试验数据并进行分析对比。通过活性灰粉末试验生产数据与钝化石灰生产数据的对比，结果表明活性灰粉末完全可以替代钝化石灰进行脱硫造渣。这样就实现了“面粉”在铁水脱硫造渣上的应用，这不仅实现了“降本增效”的目的，更减少了粉尘（活性灰粉末）向空气中的排放量，达到了环保标准，同时也实现了资源二次利用的目标，也使得“低成本制造技术”得到更为广泛的应用，真是“一石三鸟”。

（史万顺）

钢铁中的“害群之马”
——硫、氮、氢

钢铁生产过程中，往往无法避免从原料、燃料、空气以及水中带来的硫、氮、氢等有害元素，因此只能尽量减少这些“害群之马”在钢铁中的含量，来保证钢材的使用性能。

硫是一种化学元素，在元素周期表中它的化学符号是S，原子序数是16，是一种非常常见的无味无嗅的非金属。纯的硫是黄色的晶体，又称作硫黄。硫有许多不同的化合价，常见的有-2、0、+4、+6等。在自然界中它经常以硫化物或硫酸盐的形式出现，尤其在火山地区纯的硫也在自然界出现。对所有的生物来说，硫都是一种重要的必不可少的元素，它是多种氨基酸的组成部分，即是大多数

蛋白质的组成部分。它主要被用在肥料中，也广泛地被用在火药、润滑剂、杀虫剂和抗真菌剂中。

硫主要来自生铁原料、炼钢时加入的矿石和燃料燃烧产物中的二氧化硫。在室温时，硫以硫化物夹杂（主要是 MnS 和 FeS）的形式存在于固态钢中。

由于 FeS 的塑性差，使含硫较多的钢脆性较大，硫的最大危害就是引起钢在热加工时开裂，即产生“热脆”，所谓热脆就是 FeS 与 Fe 形成了低熔点（985℃）的共晶体分布在钢铁的微观晶体晶界上，当钢加热到约 1200℃进行热压力加工时，晶界上的共晶体已熔化，晶粒间结合被破坏，使钢材在加工过程中沿晶界开裂的现象。

硫化物是非金属夹杂物，在热加工时硫化物夹杂将随钢材的延伸而伸长，形成热加工纤维组织，俗称带状组织，从而降低了钢材的横向（与加工方向垂直的方向）的力学性能。

由于硫是钢中偏析最大的元素，在规定范围内随着硫含量的增高使钢的耐磨性能下降、腐蚀倾向增加，并增大纯铁和硅钢中的磁滞损失。硫能显著地破坏钢的焊接性能，引起高温龟裂，并使金属焊缝中产生很多的气孔和疏松，从而影响了金属焊接部位的机械强度。

为了消除硫的有害作用，必须增加钢中含锰量。锰与硫优先形成高熔点的硫化锰，并呈粒状分布在晶粒内，它在高温下具有一定可塑性，从而避免了热脆性。

氮是Ⅴ主族（15）元素。大气中氮气的含量为 78%（体积分数），但是火星大气中只含有不到 3% 的氮气（体积分数）。氮气似乎很不活泼，因此拉瓦锡给它命名为“氮（azote）”，意为“没有生命”，因为它无法支持人和动物的呼吸。然而，氮的化合物是食物、肥料、炸药的重要成分。氮气是无色无味的气体，不活泼。液氮也是无色无味的。

1772 年，英国化学家布拉克的学生卢瑟福把老鼠放进密封的器皿里，及至老鼠闷死后，发现器皿内空气的体积较前减少了十分之一，若器内剩余气体再用碱液吸收，则又继续失去十分之一的体积。用此法除去空气中的 O_2、CO_2，并研究所余气体的性质，他发现它有不能维持动物生命和灭火的性质，且不溶于苛性钾溶液中，因此命名该气体“Mephitic Air”——窒息的空气。

氮对钢的影响与磷相似，它能引起钢的冷脆。氮在室温下要从钢中析出，由于氮在低温时很稳定，钢中氮不是以气态逸出，而是呈固态氮化物（如 TiN、AlN）析出，引起金属晶格扭曲和巨大内应力，就像一个已经塞满玻璃球的容器中还要再强行塞进一个新的玻璃球，很容易把容器撑破。这样虽然能提高钢的强度，但恶化了钢的塑性、韧性，因此含钛钢要严格控制氮含量。由于氮析出很缓慢，故对性能的影响也是逐渐的，这就是我们平时所说的时效或老化。利用这种特性，可以生产时效硬化钢。

氢是元素周期表中的第一号元素，元素名来源于希腊文，原意是“水素”。氢是由英国化学家卡文迪许在 1766 年发现，称之为可燃空气，并证明它在空气中燃烧生成水。1787 年法国化学家拉瓦锡证明氢是一种单质并命名。氢是宇宙中含量最多的元素，大约占据宇宙质量的 75%。但在地球上和地球大气中只存在极稀少的游离状态氢。在地壳里，如果按重量计算，氢只占总重量的 1%，而如果按原子百分数计算，则占 17%。氢在自然界中分布很广，水便是氢的“仓库”——水中含 11% 的氢，泥土中约有 1.5% 的氢，石油、天然气、动植物体也含氢。在空气中，氢气倒不多，约占总体积的一千万分之五。

第二次世界大战初期，德国出动了大批的飞机，对英国进行狂轰滥炸，英国政府立即组织科学家研制更优良的战斗机，抗击德国法西

斯的侵略。一天，一架英国新研制的“火叉式”战斗机在试飞中发动机主轴突然断裂，飞机坠落，机毁人亡。此事震惊了英国政府，下令尽快调查原因，从速解决。英国科学家众说纷纭，拿不出确切的结论和解决办法。由于德国飞机不停地轰炸，再加上牺牲的驾驶员是一位勋爵的儿子，这就使政府和科学界都感到巨大的压力。有一位英国科学家推荐正在雪菲尔德大学冶金学院攻读博士学位的中国留学生李薰来解决这个问题，他终于抓住了造成飞机事故的罪魁祸首——钢中的氢原子。

氢原子是所有原子中直径最小、重量最轻的，性质十分活泼，在元素周期表中排名第一，它能钻入金属里在晶格的间隙中待着。当氢原子数量很少时，它们分散在金属中安分守己，当数量增加到一定值时，氢原子会因为材料的振动而聚集，形成很大的压力，撑破晶界面形成细微的裂纹，最终导致材料断裂。

至今，国际上一直公认李薰是世界上最早解决钢中氢导致断裂的创始者，为以后许多金属材料断裂事故分析以及新材料的研究开发提供了科学依据。他的第一台测氢仪至今仍然陈列在该大学实验室中，他的相片将永远悬挂于实验室的墙壁上。这个发现轰动了西方科技界，他们公认李薰是这个领域的开拓者。

炼钢过程中针对这些有害元素，都有相应的处理工艺。脱硫工序顾名思义就是去除硫元素的工序；去除氮和氢的工序叫做真空工序，主要就是将钢水在真空容器中循环，钢水中的气体就会自动从钢水中跑出来。

（周学俊）

“镁不胜收”话脱硫

镁作为一种活性元素，化学反应极为激烈，采用纯镁脱硫，反应速度快，反应周期短，脱硫效果明显。与其他铁水脱硫方法相比，顶吹钝化颗粒镁脱硫的优势是硬件系统简单，设备投资省，镁的利用率及脱硫效率高，脱硫周期短，铁水温降小，铁损低，操作简便，环境污染小，生产维护运行成本低，综合经济效益好。缺点是脱硫渣量少导致脱硫产物难以扒除，加上反应产物不稳定，因此超低硫钢出钢的硫稳定性不好，直接影响到超低硫钢的产量。

对于大多数钢种，硫是有害的元素。钢中的含硫量高，会使钢材的加工性能和使用性能大大降低，在热加工过程中甚至会造成“热脆”断裂，它在钢中所形成的硫化物降低钢的韧性；硫化锰夹杂是钢基体点腐蚀的发源地，钢的氢脆与钢中硫化物夹杂也有密切关系。随着科学技术的进步，用户对钢材质量的要求越来越高，尤其对钢材的含硫量提出了更严格的要求。

钢中硫对钢材的力学性能和焊接性能有一定的影响，目前武钢生产焊丝钢喷吹石灰出钢硫小于 0.006% 的比例仅为 52%，低于国内外的先进水平。为了提高低硫钢的成品硫合格率，降低钢坯成品硫含量，

改善低硫钢的力学性能、焊接性能，必须重视提高钢材实物质量。且目前高级别焊丝钢的市场需求量稳中增长，因此占有一定的市场率是非常必要的。

武钢一炼钢分厂原料车间采取喷吹颗粒镁脱硫技术，脱硫效率高，能够满足低硫钢的生产要求。但是铁水采取颗粒镁脱硫，铁水渣稀，脱硫产物硫化镁不易去除而造成回硫，通过向喷吹钝化镁脱硫后的铁水中喷吹流化态石灰，使得喷镁脱硫产物硫化镁在流化态石灰氧化钙

◎ 铁水喷镁处理装置

的作用下转变为更为稳定的硫化钙，来减少出钢回硫值，从而降低出钢硫和回硫值。

为使顶吹钝化颗粒镁脱硫的脱硫渣迅速除净，保证超低硫钢出钢硫含量达到 50ppm（相当于 0.005%）以下，并具有工艺稳定性，必须对铁水顶吹钝化颗粒镁脱硫工艺进行改进，增加喷吹石灰工序，作为对顶吹钝化颗粒镁脱硫工艺的补充和完善。铁水喷吹石灰工艺主要是利用流动性较好的石灰，替代原有喷吹介质——镁粉进行脱硫，该工艺主要是根据石灰和硫的生成物较稳定的特点，在喷镁工序增加喷吹石灰工序，从而达到稳定脱硫产物、减少回硫的目的。通过匹配合适的喷吹参数，转炉出钢基本能控制在 50ppm 以下；控制出钢硫小于 50ppm 的比例大于 90%，满足焊丝钢等超低硫钢钢种需求。

（钱高伟）

转炉炼钢“粗粮”代替“细粮”

一般来说，石灰石经过煅烧而成的产物是石灰，而石灰是转炉炼钢生产中最主要、用量最多的造渣原料。由此可见，如果把石灰比作转炉炼钢所需“细粮”的话，那么，石灰石只能称作转炉炼钢所需的“粗粮”了。

传统的转炉炼钢之所以使用石灰作为转炉熔剂的必要材料之一，是因为石灰活性高，熔化时间短，造渣速度快，受到全世界范围内的青睐。但近年来随着钢铁企业出现的全行业亏损局面的出现，如何降低成本是世界各钢铁企业的重大科研课题之一。在充分考虑石灰石的特性，对转炉炼钢使用石灰石代替石灰的可行性研究后发现，转炉炼钢可以使用石灰石代替石灰进行炼钢，所以过去转炉吃“细粮”炼钢，现在转炉就要吃“粗粮”炼钢了。

石灰石在人类文明史上，以其在自然界中分布广、易于获取的特点而被广泛应用。石灰石不仅仅在建筑方面的用途，尤其是水泥的制造被大家所熟知，现在石灰石也成为转炉炼钢的“粗粮”，正在逐渐成为现代冶炼低成本制造的突破口。

◎ 石灰石原料

“粗粮”石灰石有着灰白色的外表，“体魄”大小不一。它是制造水泥、石灰和电石的主要原料，是冶金工业中不可缺少的造渣剂。优质石灰石经过超细粉磨后，被广泛应用于造纸、油漆、橡胶、涂料、医药、饲料、密封、黏结、抛光、化妆品等产品的制造中。而这个“粗粮”又是来自哪里呢？石灰石有着“不堪回首”的过去：经过千锤万凿，才由深山中开采而出，若要成长为工业的重要原料——石灰，必须再承受烈火痛苦的焚烧、忍耐住凉水对它的冲刷。正应验了于谦的一句诗：粉身碎骨浑不怕，要留清白在人间。

作为转炉炼钢的“粗粮”替代“细粮”，是如何被人们发现的呢？武钢炼钢专业人员通过对“粗粮”的了解、认识再到认知的过程，创造性地在转炉炼钢的过程中，大胆采用石灰石替代部分石灰用于造渣。由于石灰石价格比石灰低很多，在转炉中受热分解的产物即是造渣剂石灰和气体，因此采用替代法，可以很好地节省生产成本。经过专业人员的摸索发现，在钢铁冶炼过程中，石灰石替代部分石灰，降低了

冷却废钢的使用量，平衡了铁水的物理热和化学热，同时，石灰石部分代替石灰造渣，也能够完成转炉正常的脱磷、脱硫任务。当然，这种操作方法也不是那么的完美无瑕，由于现今操作人员对于新工艺的适应情况不一，加入石灰石后，转炉的喷溅比例要比正常的高一些，增加了铁水的损耗。不过虽然这个“粗粮”并不怎么好吃，偶尔还有一些问题，但是通过武钢炼钢专业人员的悉心呵护，它的性能也会越来越好，也会让大家在工业生产中，尝到越来越多的“甜头”。

石灰石虽没有宝石的珍贵、华丽，也没有雨花石的多姿、美丽，但它正在更多地为钢厂所应用，用途越来越广泛，效果越来越显著，在钢厂低成本制造的舞台上也越来越大显身手。

◎ 石灰石用于钢中造渣生产现场

（吴振坤）

“补锅”——冶炼用锅修补工艺

湖南花鼓戏“补锅”是大家耳熟能详的戏曲，曾经红遍大江南北。在生活中，七八十年代的人们家里的搪瓷茶杯、搪瓷脸盆等等一些生活用品长时间使用磨损后出现漏洞，就用锡加电焊进行修补，又可继续使用。随着生活条件的改善，现在的人们很少对锅碗瓢盆进行修补了。在我们炼钢工艺中却将这一“修补工艺”很好地延续下来。

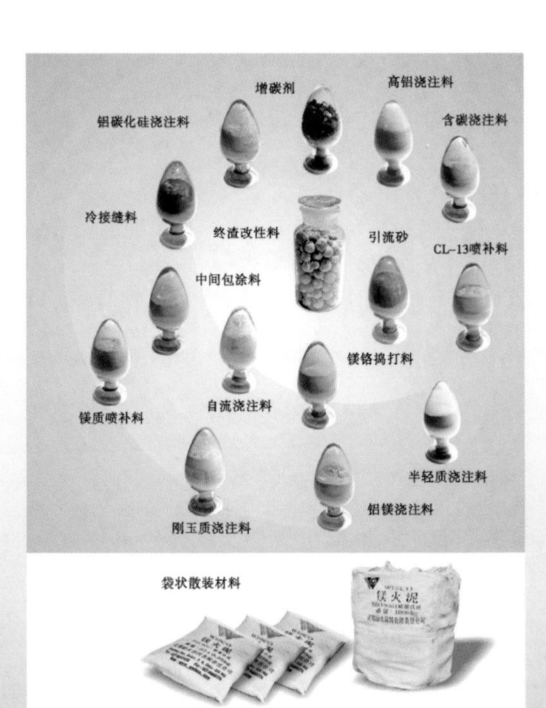

在炼钢过程中较为常用的“锅”主要有转炉、铁水包、钢包等。在使用过程中会出现局部破损，要是整体拆除会造成很大的浪费，因此也就诞生了修补工艺，主要包括转炉溅渣护炉工艺，转炉大面修补工艺及转炉、铁水

包、钢包热态喷补工艺。相应的修补材料主要有溅渣护炉料、大面修补料和喷补料。

溅渣护炉工艺

溅渣护炉的基本原理是在转炉出完钢后加入调渣剂，使其中的MgO与炉渣产生化学反应，生成一系列高熔点物质，被通过氧枪系统喷出的高压氮气喷溅到炉衬的大部分区域或指定区域，黏附于炉衬内壁逐渐冷凝成固态的坚固保护渣层，并成为可消耗的耐火材料层。转炉冶炼时，保护层可减轻高温气流及炉渣对炉衬的化学侵蚀和机械冲刷，以维护炉衬、提高炉龄并降低耐火材料包括喷补料等消耗。

以前采用溅渣护炉技术，认为炉龄越长越好，我国复吹转炉炉龄曾创造超过30000炉的业绩。但是散状维护材料如造渣料、出钢口喷补料、转炉镁质喷补料、转炉大面修补料等等用量很多，吨钢维护材料消耗很大，和转炉炉衬用耐火材料镁碳砖相比较，成本过高，并且转炉有较大的安全风险，已不符合国家经济要求。

目前钢铁冶炼行业主要提倡经济炉龄，它的主要优点为：一是降低维护材料的吨钢消耗；二是保证冶炼品种钢的品质；三是确保转炉的安全性能。主要的造渣料包括有轻烧镁球、改性料、轻烧白云石等。从使用效果来看，一般要求钢渣中MgO含量保持在10%左右，以使钢渣具有一定黏度。

大面修补工艺

作为转炉另外一种修补工艺，大面修补可有效延长炉龄，其主要原理是在转炉出完钢后投入大面修补料，大面料中无机或有机结合剂在高温下（约1500℃）液化，使得物料在转炉摇动过程中迅速铺展于转炉前后大面，进而使得转炉得以修补。

转炉在使用过程中，其前后大面受到以下方面的严重作用：

（1）钢水的冲刷和渣的侵蚀；

（2）加铁水时，铁水对炉衬的冲刷，同时铁水里低碱度渣对耐火材料的严重侵蚀；

（3）加废钢时，废钢对大面的冲击；

（4）常温废钢对高温炉衬吸热而产生强烈的热震作用，这样的过程，一般每炉都要反复一次。

因此，转炉前后大面工作环境恶劣，损毁极为严重，是转炉的最薄弱部位。在炉役过程中如得不到有效维护，有可能发生漏钢事故。因此，大部分转炉都需要通过热投修补料来延长使用周期。目前国内的大中型转炉每炼10~20炉次就必须进行炉底和大面修补一次。

为了提高该区域炉衬的使用寿命，这就要求大面修补料必须具有以下性能：

（1）良好的热态强度或炭化强度；

（2）良好的抗侵蚀和抗热震性能；

（3）为了修补好该区域，要求修补料具有良好的热自流性，能充分填平凹坑；

（4）根据转炉生产节奏要求，还要求修补料硬化时间短，这样可以减少停炉维护时间，提高转炉作业率；

（5）修补料还必须与转炉工作衬粘接好，在使用过程中防止剥落。

目前转炉大面修补料类型有沥青结合、树脂结合、无机盐结合、水系结合等四类，其材质有镁质、镁碳质、镁铬质等。其中环保型快烧结大面修补料技术达到了国际领先水平。

热态喷补工艺

在冶炼过程中，转炉、铁水包、钢水包经常出现侵蚀、冲刷等比较严重的问题，造成炉衬的损毁不均衡，虽面积较小，但严重地影响了这些炼钢容器的正常使用。为延长其炉衬的使用寿命，世界各大钢厂采用机械设备进行喷补，用耐火喷补料对这些局部损坏部位进行修补，是延长炉衬使用寿命，缩短停炉维修时间，提高转炉利用率的重要措施之一。该工艺具有以下优点：

（1）提高转炉、铁水包、钢包寿命及其作业率，降低炼钢成本；

（2）减少大中修的频率，从而保证生产持续稳定；

（3）喷补工艺简单，使用方便，修补速度快，占用时间短，耗费材料和劳动力少；

（4）采用喷补时，衬砖的废弃量少，能使原有的衬砖达到充分利用。

目前转炉喷补料类型有：出钢口喷补料、转炉镁质喷补料、转炉镁碳质喷补料、转炉用干法喷补料、铝镁喷补料、铝碳化硅碳砖喷补料、刚玉铬质喷补料等等。

（王志强　吕衍秀）

炉外精炼　风光无限

我国南宋时期有一位擅长诗文的士人林升，他在《题临安邸》中写下了千古名句：山外青山楼外楼。意思是青山之外还有青山，高楼之外还有高楼，比喻天外有天，人外有人。相映成趣的是，在钢铁工业现代科技发展史上，真的发生了“山外青山炉外炉”的故事。由于“炉外炉”的出现，一向自诩为“炼钢能手”的转炉面对“炉外炉”的精炼炉所生产出的产品也自惭形秽，自叹弗如。

所谓“炉外炉”，其实就是目前风靡一时的“炉外精炼”技术，也叫“二次精炼”，即将转炉、平炉或电炉中初炼过的钢液移到另一个容器中进

行精炼的炼钢过程。这样就把原来的炼钢工艺分成两步进行，形成“炉外炉”的格局：第一，在一般炼钢炉中进行熔化、脱磷、脱碳和主合金化，称为初炼炉；第二，将初炼的钢液在真空、惰性气体或还原性气氛的钢包或专用的精炼容器中进行精炼，进行脱硫、脱氧、除气、去除非金属夹杂物、调整钢的成分和钢液温度等，这些钢包或者专用的容器称为精炼炉。通过“炉外炉”的精炼，可以提高钢的质量、缩短冶炼时间、简化工艺过程并降低生产成本。

1933 年，法国佩兰（R.Perrin）应用专门配制的高碱度合成渣，在出钢的过程中，对钢液进行“渣洗脱硫”，这是炉外精炼技术的萌芽。1950 年，联邦德国用钢液真空处理法脱除钢中的氢以防止“白点”。20 世纪 60 年代末期以来，炉外精炼技术经过不断地发展，目前已有几十种方法应用于工业生产，逐步形成了炼钢工艺中的一个新分支。我国于 1957 年开始研究钢液真空处理法，建立了钢液脱气、真空铸锭装置，20 世纪 70 年代建立了氩氧炉、钢包精炼炉和钢包喷粉装置等炉外精炼设备。目前，武钢炼钢总厂所属几个炼钢厂基本上都采取了炉外精炼技术。

炉外精炼具有以下共同工艺特点：一是选择一个理想的精炼气氛条件，通常采用真空、惰性气氛或还原性气氛；二是对钢液进行搅拌，可采用电磁感应、惰性气流或机械方法搅拌；三是钢液加热，在精炼过程中通常采用电弧加热、埋弧加热、等离子加热或增加化学热等。各种炉外精炼法不外乎这三个方面技术的不同组合。

20 世纪 70 年代末期，世界各国投入工业生产的炉外精炼设备约有400余座。美国和日本生产轴承钢全部都经真空处理（RH法、DH法等），超低硫钢的生产以及控制夹杂物形态的钢种主要应用钢包喷粉处理法生产（TN 法、SL 法）。AOD 炉利用氩—氧混合吹炼生产不锈钢，铬元素的回收率达 98% 以上，并可使用高碳铬铁做合金原料，经济效果十分显著。美国的不锈钢生产几乎全部用 AOD 炉。目前世界上 AOD 炉生产的不锈钢约占 75%。

这真是山外青山炉外炉，炉外精炼风光无限。

（李国甫）

重轨高洁净度的保障
——RH 真空处理工艺

时代在进步，社会在发展。伴随着现代社会的发展，铁路事业正大踏步地走向现代化，“提速”成为高速铁道大势所趋，因此现代铁路对高速铁轨的要求也越来越高，对生产高速铁轨的企业来说，无疑是一个巨大挑战。

武钢于 2008 年建立高速重轨生产线，各牌号高速重轨和低速重轨均可生产。重轨要求承受高速客运车辆运行时的压力，冲击载荷和摩擦力，其要求有足够的强度、硬度和一定的韧性。要适应铁路重载、高速的需要，除增加重轨的单重外，还要提高综合性能，要求更高的强韧性、耐磨性、抗压溃性和抗脆断性。简单地说，就是钢轨的内部质量要高，外部质量要好，经得起“风吹日晒”和“刮风下雨”。因此，应严格控制钢中的气体元素，尤其是氢，因为氢会严重影响高速重轨钢的性能。

氢在溶解过程吸热，故溶解度随温度的降低而降低，钢中含有氢气的气孔沿加工方向被拉长形成发裂，进而引起钢材的强度、塑性、冲击韧性降低，这称之为“氢脆”。氢脆对钢材的横向性能影响尤为突出。氢在凝固过程中还形成白点，在钢材的横向断口上，白点表现为放射状或不规则排列的锯齿形小裂缝，在纵向断口上，有圆形或椭圆形的银白色斑点。目前冶金手段中，脱氢最有效的方法是真空处理。钢液的真空脱气是在一座特殊的真空室中进行，底部有一个上升管、一个下降管，一起插入到钢液中，在上升管中向钢液吹入驱动气体，经常是氩气，这些气体以大量小气泡的形式存在于钢流中。由于高温和低压的作用，气体的膨胀功推动钢液在上升管中快速提升，因此，钢液呈喷泉状进入真空室，使脱气界面显著增大，从而加速脱气过程。脱气后的钢液汇集在真空室的底部，在重力的作用下，不断经下降管返回钢包。循环若干次后，可将钢液中的氢气降到相当低的水平。真空状态下，气分压低于钢液中氢气的气分压，氢气从钢液中逸出，就像水从高处往低处流一样，氢气从浓度高的地方向浓度低的地方扩散，扩散出来的气体又被抽走，经循环处理后，脱氧钢可脱氢约65%，使钢中的氢含量降到1.5ppm（相当于0.00015%）以下。

武钢条材总厂一炼钢分厂是高速重轨钢的生产基地，目前该厂的高速重轨钢的工艺路线为：铁水脱硫—转炉冶炼—吹氩精炼—钢包炉精炼—RH炉精炼—连铸浇注。该厂设备配置有120吨喷镁脱硫站2座、转炉2座、钢包炉2座、RH真空炉1座、3台连铸机（其中3号大方坯连铸机生产高速重轨钢）。高速重轨钢工序路线复杂，处理时间长。由于该厂RH真空处理装置投产时间短，RH精炼技术储备薄弱，影响一炼钢分厂品种计划的兑现和高速重轨钢产量和内在质量的提升。通过工艺优化和技术攻关，RH真空处理工艺越来越稳定，越来越成熟。武钢生产的重轨夹杂物含量低，抗疲劳性能、焊接性能优良，具有高洁净度、高强度、高韧性、百米钢轨高平直度等特点，产品各项性能指标满足高速铁路及其他时速铁路的技术指标要求，通过了由湖北省科技厅组织的科技成果鉴定，达国际领先水平。

◎ RH 重轨钢真空处理

（段光豪）

真空炼钢的“好帮手”
——真空设备

大家知道，所谓“真空”就是指没有气体或气体极少的空间。“真空”在生活中的应用相当广泛，屡见不鲜：食品经过真空包装，可以防止食品变质，延长食品保存时间；真空灯泡，可以防止灯丝被氧化，延长使用寿命；棉被、服装等装进专用塑料袋经过抽真空处理，可以压缩体积，减少占用空间，方便携带或储藏等。

工业上的真空指的是气压比一标准大气压小的气体空间，是指稀薄的气体状态。随着真空获得技术的发展，真空应用日渐扩大到工业和科学研究的各个方面。比如，真空冶金可以保护活性金属，使其在熔化、浇铸和烧结等过程中不致氧化，如活性难熔的金属钨、钼、钽、铌、钛和锆等的真空熔炼；真空炼钢可以避免加入的一些微量元素在高温中烧掉，同时阻止有害气体、杂质等的渗入，可以提高钢的品种质量。

那么，在真空炼钢中，真空环境是怎么得来的呢？原来，在“大名鼎鼎”的转炉炼钢熔炉的后面，还有一些“默默无闻”的“无名英雄”——以提供真空环境为己任的真空设备就是其中之一。

真空设备分两种：一种是机械抽真空，另一种是蒸汽喷射抽真空。真空炼钢过程中的真空设备就是后者，它利用高温高压的蒸汽在喷射过程中产生的压差，通过真空泵体逐级将空气带走，最终将在处理钢水的真空室里形成稀薄气体，也就是人们说的“真空”。在“纯净”真空状态下，人们可以在钢水中“放心”地加入各种各样微量元素或合金材料，在这种环境下处理的钢水成分均匀，无气泡。通过真空冶炼处理的钢水特别细腻无杂质，质量优异，因此生产出来的钢材“高端大气上档次”。如船舶用钢、深冲钢（如气瓶用钢、罐头的包装）、轿车面板钢、桥梁钢、硅钢、石油管线钢、海洋工程用钢、工程结构用钢等，都是“钢材王国中的佼佼者”。

冶炼环境下的蒸汽喷射抽真空设备有 VD、RH、VOD 等三种：VD 为钢水真空脱气法，是一个真空插入管抽真空的方法；RH 为真空循环脱气法，是两个真空插入管抽真空将钢水抽入真空室，在利用底吹的氩气将钢水抛起循环；VOD 为真空底吹氧底吹氩方法。

武钢炼钢总厂全部采用 RH 真空循环脱气法。说起 RH 真空脱气法，最初是由德国莱茵公司和海拉尔公司（Rheinstahl & Hutlenwerke）发明设计，在 1959 年正式投入工业生产使用。其主要功能是脱气、脱碳、脱硫、脱磷；精确调整成分，提高钢水洁净度；调温。RH 真空处理钢水设备专利技术：蒸汽喷射泵及拉瓦尔喷嘴，由 MESSO（麦索公司）与蒂森公司共同拥有，后与日本新日铁公司技术转让及技术协定。RH 真空处理设备的基本结构包括：插入管、真空室、真空泵、冷凝室器、蓄水罐、蒸汽减温站、插入管升降设备、钢水钢包液压升降设备、真空插入管喷补装置、真空室与泵体之间的伸缩节、真空滑阀等。此外，还有微量元素和合金加料系统（有泄料阀、返料阀、料钟、三通）。

武钢的真空处理设备主要是中冶南方工程技术有限公司设计制造，其技术革新改造与日本新日铁进行着合作。早前，炼钢总厂二分厂RH真空处理设备的一个真空室和一对插入管固定在可升降的U形结构（真空室在其中）中，设计上为齿圈式配重升降。现在RH真空设计是钢包由液压升降，真空室固定在真空横移车上（两台真空室和两台真空横移车，一台生产一台备用）。真空室保温为直流石墨电极式保温，插入管保温由煤气烘烤。真空泵泵体由拉瓦尔喷嘴与泵体组成，工作原理是通过喷嘴的高温高压的蒸汽急速压缩成高速蒸汽流，将真空室过来的处理废气带走。这样一级一级地传下去，直至将真空室抽到指导的真空气压。过去麦索公司将整个真空泵体串联起来，而现在中冶南方工程技术有限公司与新日铁设计将泵体两个两个并联起来，这样可以提升真空处理设备的抽气能力，达到适合处理各种品质的钢水所需要的工艺要求。

真空处理设备还配有一些辅助设备如测温取样设备，现在从事真空设计的科技工作者逐步在原来的真空处理设备基础上，进行技术创新，如在真空室顶部装监控摄像，或在顶部装采用日本新日铁技术的MFB，能在真空处理过程中进行测温取样。

随着冶金行业和真空技术工作者对RH真空精炼知识的加深，以及根据钢水包的吨位RH真空室的直径与高度也逐步增大和增高，真空泵体也可以根据需要进行结构、尺寸、角度等调整。武钢和宝钢曾经分别引进了2台真空设备，但现在我国的真空科技人员已经完全可以独立自主设计制造。“中国制造”彰显中国力量。

雄关漫道真如铁，而今迈步从头越。我国实现真空设备“中国制造”，这仅仅只是万里长征第一步，要真正达到世界技术领先水平，任重道远。

◎ 真空水泵

◎ 真空起吊

◎ 真空滑阀

◎ 真空喷补

◎ 真空顶枪

（高荣生）

百变成钢

BAIBIAN CHENGGANG

炼钢—轧钢一体化的“功臣”
——连铸坯热送热装技术

众所周知，连续铸钢与传统的从钢水至钢坯的生产工艺相比，以其在此过程中减少金属损耗和能源消耗所产生的巨大经济效益等优势，于 20 世纪 60 年代在钢铁工业得到推广和应用。人们继而试图有效地利用连铸坯的余热，实现在炼钢—连铸—轧钢这一过程中更大幅度地节省能源的愿望。由此，连铸坯热送热装技术便应运而生，登上了钢铁工业发展的历史舞台。

连铸坯热送热装技术是指在 400℃以上温度装炉或先放入保温装置，协调连铸与轧钢生产节奏，然后待机装入加热炉。热送热装可以降低钢坯在加热炉中加热过程的煤气消耗，是一种重要的节能技术，它涉及从炼钢到热轧之间各个生产环节，是一项系统工程，需要多项支撑技术和控制手段。其中，高温连铸坯生产技术、无缺陷连铸坯生产技术、炼钢—轧钢一体化生产管理技术、过程保温技术、适应不同铸坯热履历的轧制技术是该工艺的关键生产技术。钢铁企业应该从金属学的角度研究连铸坯不同热履历对奥氏体晶粒度和微合金元素析出行为的影响，以及“热脆”现象的形成机理，并结合各企业实际生产的主要钢种制定不同装炉情况下的加热制度，在保证成品质量的前提下，不仅能降低煤气消耗、提高金属收得率，还可以使轧制能力得到进一步提高。

自 1981 年 7 月，日本新日铁在世界上率先实现直接轧制以来，连铸坯热送热装技术已得到迅速发展。80 年代中期，德国、法国、比利时、奥地利、美国等国家的钢厂迅速发展连铸坯热送热装技术，且达到越来越完善的地步。而 90 年代以来，随着薄板坯连铸连轧及近终形连铸技术的飞快发展，将连铸坯热送热装技术推向一个新的集约化生产阶段。我国成功应用连铸坯热送热装技术较早的是武汉钢铁集团公司第二炼钢厂和热轧厂，其实践开始于硅钢的正常生产，至 1984 年，热送比已扩大到 85% 左右。我国 20 世纪 80 年代后期开始首先在武钢进行热送热装试验，90 年代宝钢、鞍钢等在板带轧制中试验，并逐步采用了热送热装技术。90 年代中期以后我国棒线材大量采用了热送热装技术，但是距日本和一些欧美国家的水平还有较大的差距。

◎ 连铸坯热送过程

由于连铸坯热送热装工艺将炼钢—轧钢变成一个紧密相连的一体化生产系统，因此体现出一系列优点和经济效益。它不仅可大幅度降低能源消耗，缩短产品的生产周期，而且能改善产品质量，提高金属收得率，同时还能减少厂房占地面积及节约投资等。这就是说，无论从节约生产成本还是从节约投资来说，连铸坯热送热装技术都显示出无比的优越性。根据国内目前的实际情况分析，仍然需要继续推广该技术，已经采用的轧机应当在提高水平上下工夫。要通过加强管理保证该技术的连续使用，不断提高热装率和提高热装温度，同时进行必要的攻关，解决由于采用热装技术以后，产生的产品质量不稳定问题。

◎ 连铸坯热装过程

（潘金保）

历久弥新的钢铁热处理技术

古往今来，在中、外钢铁史上，热处理始终是钢铁产品制造流程中的一个重要环节，并随着其技术的不断创新，保持着生机与活力。在国民经济建设中，许多行业需要使用具有各种优异性能的钢材，制造那些有特殊要求，能在高温、高压、极寒、磨损、腐蚀等恶劣环境下工作的设备及钢结构。有些钢材使用传统的控制轧制乃至今天的TMCP（控制轧制、控制冷却）工艺也无法生产出来，必须通过热处理才能获得。由此您一定能掂量出热处理技术在钢铁制造业的地位吧？

现在向您揭晓什么是热处理。简单说就是：选择适当的加热制度，将钢材加热到所要求的温度后，并且保持一定时间，然后用选定的冷却方法和冷却速度进行冷却，从而得到希望的钢材组织和性能，这一综合工艺称为热处理。它的实质就是控制加热和冷却两个过程，来促使钢材内部组织根据其固有的规律，发生我们所需要的某种转变，以满足钢材所要求的使用性能。而钢材内部组织发生转变的动力是由于各种组织之间自由能随温度而变化的规律不同，因而存在自由能差，较高能量状态会向较低能量状态转变。这再一次诠释了外因必须通过内因起作用的哲学命题。

您也许会问，何为钢材内部组织？钢材内部组织是指钢材产品的最终组织形态，如低合金结构钢中的铁素体和珠光体组织，还包括构成钢板组织的微细颗粒大小（晶粒度）、有害物的形状及分布状态等。可用肉眼或低倍放大镜对钢材组织进行宏观检验，俗称低倍检验。也可用光学显微镜进行微观检验，常称高倍检验或金相检验。后者是开展钢铁产品研制的重要手段之一。

热处理种类、方式很多，用途广泛。人们根据不同的目的选择使用，除与钢铁制造业同生共长外，在机械零件、工具、机床、汽车、军工等诸多领域也是不可或缺的工艺技术，是提高机械产品质量、延长使用寿命的关键工艺措施之一。例如，零件的表面热处理，能强化表面层，芯部原有组织不变，使零件耐磨性好、冲击韧性高、疲劳强度高、外坚内韧。以下仅将钢铁行业里生产中厚板产品时常用的热处理种类、工艺、作用等娓娓道来。

正火热处理：一般将钢板加热到820~950℃，加热时间与钢板的化学成分和厚度有关（这一点，后面几种热处理均同），达到目标温度后，保持一定时间，然后出炉在空气中自然冷却。其作用是细化钢板晶粒、消除轧制应力、提高综合力学性能。正火适合于低合金钢、碳素钢，也可改善钢板强度，在空冷时增加吹风或喷水雾助冷。

淬火热处理：一般将钢板加热到850~950℃，达到目标温度后，保持一定时间后出炉，立即进入淬火机，上下同时喷水快速冷却至50℃左右，使钢的组织绝大部分都转变为片状马氏体组织。每片马氏体形成时间只需千万分之一秒，其作用是提高钢板的硬度、强度，为进一步热处理做准备。

回火热处理：一般用于将淬火后的钢板或合金元素含量较高的合金钢板加热到150~700℃，达到目标温度后，保持一定时间，然后出炉在空气中自然冷却，也有少量特殊钢种采用随炉缓慢冷却，从而得到较稳定的组织。根据回火温度的不同，回火可分为低温回火（150~250℃）、中温回火（350~500℃）、高温回火（500~700℃）三种。回火的目的主要是消除淬火和热轧时产生的内应力。此外，低温回火适合于得到高强度和耐磨性的材料，中、高温回火适用于得到一定强度和强韧性的材料。

退火热处理：退火可分为完全退火、不完全退火、球化退火、扩散退火等，但需要退火的中厚板产品通常采用完全退火，一般将钢板加热到750~850℃，达到目标温度后，保持一定时间，然后在炉中缓慢冷却下来。其目的是提高塑性、降低硬度、减小内应力、改善力学性能。

调质热处理：调质热处理是将淬火后的钢板进行回火的联合热处理。其目的是使钢板达到较高的综合性能，具体见上述回火热处理内容。

◎ 武钢现代化的热处理淬火机

◎ 武钢现代化的辐射式加热无氧化辊底式热处理炉

武钢中厚板分厂是我国中厚板行业最早应用热处理技术的厂家，也是我国率先从德国引进世界一流水平的辐射管加热无氧化辊底式热处理炉及连续辊式淬火机的厂家，其热处理技术和高、精、尖产品开发能力在国内始终名列前茅。多年以来，采用调质等热处理技术，成功开发出了低温压力容器用钢系列、焊接高强度结构钢系列、耐磨钢系列、军工钢系列等国家重点建设项目急需的钢板，填补了国内多项空白。如低焊接裂纹敏感性钢WDL610E，具有高强度、高韧性、优良的焊接性能，已制造了近400台大型球形储罐，大量替代了进口日本钢板，成为我国高参数球形储罐的主力用钢；大线能量焊接用钢WH610D2，为国家第一期石油战略储备基地，提供了70台10万立方米原油储罐制造所需钢板；焊接高强度结构钢板HG785等，适用于各类工程机械、大型电铲、钻机、煤炭综采机械等，全国煤机行业综合实力最强的郑州煤矿机械厂，曾用此板制造了世界上支护高度最大的矿用液压支架。不夸张地说，热处理技术是武钢中厚板分厂的核心竞争力之一，并因此创造了一个又一个辉煌。

伴随着我国钢铁行业的快速发展，热处理技术得到了更加广泛的应用，一座座具有当代世界先进水平的热处理炉在我国众多钢厂拔地而起。历久弥新的热处理技术，必将在我国由钢铁大国向钢铁强国跨越的历史进程中作出更大的贡献。

（詹胜利）

热轧带钢起“皱纹”的秘密

热轧带钢既可以作为冷轧原料使用，也可任意剪裁、弯曲、冲压和焊接成各种制品构件，使用灵活方便，在化工、容器、建筑、金属制品和金属结构等方面广泛应用，有“万能钢材”之称。

用户在对热轧钢卷进行开平时，有时会发现带钢表面出现垂直于轧制方向的“皱纹”，有时出现在板边，有时出现在板宽中心，严重时贯穿整个板宽，形状可能规则也可能不规则，用手触摸有明显的凹凸感。板带材表面在加工使用中出现滑移线会严重地影响产品的表面质量，除极少数对表面质量没有要求的用途外，在一般的使用中是不允许出现的。

那么，钢板表面的“皱纹”是如何产生的？我们可以通过什么办法去控制和消除钢卷表面的“皱纹”给我们的生产质量造成的影响呢？

其实，钢板表面的这种“皱纹”的正式称呼为横折纹，又叫折皱纹或排骨纹，是低碳钢或超低碳钢常见的一种隐形缺陷。在热轧后的带钢上没有表现，只有在开卷过程中才会表现出来。关于横折纹的成因，一直存在着多种观点，以下是几种常见的观点。

“柯氏气团”论

滑移延伸的形成原因很大程度上取决于铁素体中的自由碳氮原子。这些原子散布于铁素体基体，称之为“柯氏气团”，能阻止位错移动。如果要再次释放这些位错，就必须额外消耗能量。开平过程中，由于变形的缘故，内部应变降至下屈服点。因为并非所有的位错都能同时摆脱“柯氏气团”的束缚，这样滑移延伸就形成了。

金属塑性变形形成平行的滑移线是形成折皱的基础。滑移线是指板材在外力作用下，发生屈服现象时，在表面所出现的许多平行的线条。这是由于金属的塑性变形是由金属的晶体沿一定的位向滑移累积而形成的，大量晶体的同位向滑移造成了金属表面出现一道道的台阶，也就是通常所说的滑移线或拉伸变痕，也有称屈服平台的。

这种观点是目前在研究横折纹的原理的一种主流观点。

板形不良论

一部分研究者认为，横折纹的主要成因是板形不良。在钢板存在板形不良时，由于卷取和开卷时中心层都不产生塑性变形，板形不良在中心层的反映——中心层沿宽向延伸不均匀以及由此而产生的沿宽向应力分布不均匀的问题被保留下来，钢板的板形缺陷并未得到改善。由于中心层与表面层连成一体，中心层的沿宽向应力分布不均匀必然引起表面层沿宽向应力分布不均匀，开平反弯时压缩应力最先达到压缩屈服强度的地方将最先产生折痕或折纹，并一直扩大到压缩应力小于压缩屈服强度的地方为止。

晶粒差异论

持这种观点的人认为，当中心晶粒比表面细小时，由于表面所受的剪切力本来就大，所以会率先屈服，当塑性变形向中心延伸时，由于剪切力的逐渐减小和晶粒度的变细，使发生塑性变形变得困难，当表面有超过 1/3 的部分已经屈服，而中部仍然很难屈服时，就会在表面一层产生折皱。

而当中心晶粒比表面粗大时，这种情况就不会发生，因为中部比表层更易屈服，所以当表层已经屈服时，中部也会屈服，在这种情况下，中部与表层会一起屈服，也就没有折皱了。

从理论上讲，控制横折纹产生的方法有很多，通过实际生产试验证明，热轧厂可通过以下两种方式控制横折纹的产生：一是让带钢带微边浪轧制，使带钢边部和中部的冷速不一样的问题得到解决，从而避免带钢因潜在中浪而引起的折皱。二是将带钢 FT7 调高或将带钢 CT 温度调低，以使带钢组织均匀。调高 FT7 的目的在于提高精轧出口带钢速度，使精轧出口到层冷段的时间缩短，减缓再结晶的奥氏体晶粒长大；而降低 CT 的目的在于，使不同晶粒度的再结晶奥氏体相变的产

◎ 武钢二热轧初轧机

物——铁素体晶粒度更小，从而尽量缩小相变后表面和心部的晶粒尺寸的差异。

其实，对于消除横折线，国际上仍采用传统的机械办法——平整，它是消除低碳钢屈服平台最经济、最有效的手段。平整是以较小的变形量对退火后的带钢进行轧制，以消除带钢的屈服平台和轻微的浪形，以及得到要求的表面形貌。无论是在传统的还是现代的冷轧工艺中，平整是必不可少的主要工艺之一。

相信，随着工业技术的发展，对带钢产生“皱纹”的机理会有越来越深入的研究，也会有更多的带钢“除皱”技术涌现出来，为生产“万能钢材”保驾护航。

（袁　伟）

探秘热轧氧化铁皮

钢铁是人类历史中使用最多的材料，特别是进入工业化以后人类对钢铁的需求与日俱增。钢铁生锈，是我们常见的一种现象。同样是铁制品，有的很容易生锈，有的却很难生锈；放在潮湿地方的铁制品很容易生锈，放在干燥的地方的铁制品却不容易生锈；裸露在空气中的铁制品很容易生锈，涂了油漆的铁制品却不太容易生锈。为什么会出现这种现象？让我们了解铁生锈的原因，走近热轧带钢氧化铁皮。

生活经验告诉我们，厨房中的一些铁制品如菜刀用完后不擦干会生锈，锈的颜色呈现棕红色。化学知识告诉我们，这种锈也叫做氧化铁，它的成分可以大致用 $Fe_2O_3 \cdot xH_2O$ 表示，从分子式可以看出，成分中含有氧和水，而这两种成分正是铁锈形成的两个条件。铁锈不像铁那么坚硬，它具有疏松的结构，很容易脱落，一块铁完全生锈后，体积会变大，如果铁锈不除去，这海绵状的铁锈特别容易吸收水分，铁也就锈得更快了。经验告诉我们，在潮湿地方的铁器比干燥地方的铁器更容易生锈，这是因为在潮湿地方的铁器更容易与水接触。而涂了油漆的铁制品不容易生锈是因为油漆起到了隔绝空气和水的作用。而如果要减少铁的生锈，则可以从实验的结论出发，任意切断生锈的其中一个条件即可，如果油漆可隔绝空气和水，从而可以防止铁制品生锈。

棕红色的铁锈只是氧化铁的一种，在实际工业化大生产中，氧化铁俗称氧化铁皮，主要有 3 种存在形式，分别为一次氧化铁皮、二次氧化铁皮和三次氧化铁皮，主要成分是 FeO、Fe_3O_4 和 Fe_2O_3。由于热轧板坯及带钢温度较高，Fe 与空气中的氧气不可避免的发生化学反应，其化学反应过程大致如下：

$$Fe+1/2O_2 = FeO$$

$$3Fe+2O_2 = Fe_3O_4$$

$$2FeO+1/2O_2 = Fe_2O_3$$

氧化铁皮的形成过程是氧由表面向铁的内部扩散，而铁向外部扩散的过程。氧化铁皮的结构是分层的，氧化铁皮最外层为 Fe_2O_3，呈现红褐色，约占氧化铁皮厚度 10%，阻止氧化作用；中间为 Fe_3O_4，呈黑色，约 50%；最里面与铁相接触为 FeO，呈现蓝色，约 40%，构成如下图所示。

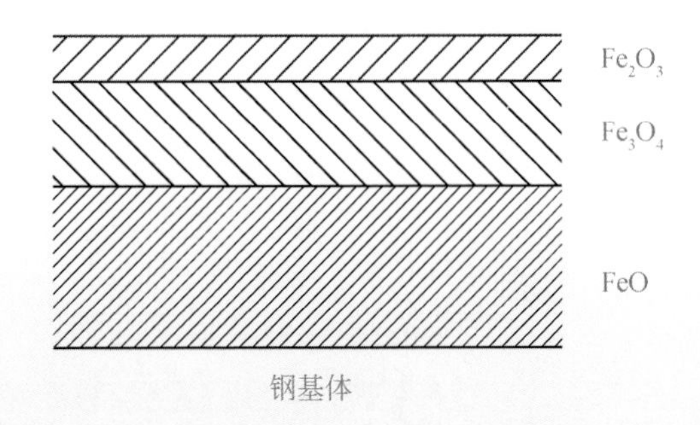

进入 21 世纪以来，热轧带钢表面质量已经成为衡量产品质量的主要指标之一，而氧化铁皮对带钢的表面质量影响很大，减少带钢氧化铁皮成为改善产品质量的重要内容之一。

一方面，控制加热炉内温度和气氛在一个合理的范围，使得加热炉内氧化铁皮的成分尽量控制在 FeO，同时氧化铁皮厚度合适，保证出炉后氧化铁皮容易除尽。其次，从设备上来讲，需要保证高压除鳞水嘴正常无堵塞，保证除鳞压力、水嘴角度等。再次，运输辊道表面良好，投入轧辊防剥落水和轧制润滑油，降低轧制负荷，保护轧辊辊面，保证辊面无氧化膜脱落。

总之，热轧氧化铁皮的控制是一项全面又细致的工作，只有对其产生机理、产生位置、形貌及设备运行状态结合起来分析，才可能有针对性的制定有效预防措施。

◎ 板坯出炉后生成的一次氧化铁皮

◎ 钢卷黑色氧化铁皮

（涂希义）

冷轧机的精确“制导系统”
——厚度自动控制技术

再大威力的导弹打不到目标也是白费，因此导弹要配备制导系统；而在冷轧产品中表面质量再好的产品厚度不合格也是废品，所以冷轧机必须要有厚度自动控制。

在冷轧工艺中，板带厚度至关重要，它关系到金属的节约、构件的重量以及强度等使用性能。在日益严峻的钢铁市场行情下，冷轧带钢厚度精确度水平与冷轧产品品质息息相关。各钢厂为获得高精厚度的冷轧产品而不遗余力，但是影响冷轧产品厚度的因素有很多，例如原料厚度本身有波动，同时其硬度的不均将导致在轧制过程中又产生新的厚差；冷轧机生产时轧机本身的机械扰动，包括轧辊偏心产生的高频扰动；加减速造成的厚度偏差；由于工艺等其他原因造成的厚差，不同轧制乳液、不同速度条件下轧辊轧件间轧制摩擦系数不同；进行动态变规格时及带钢焊缝通过轧机时造成的厚差等。这些因素在冷轧生产中是不可避免的。

为了消除或减小这些厚度偏差对冷轧产品的影响，自动厚度控制技术广泛应用于冷轧领域，它的发展过程是随着对板带材尺寸精度越来越高的要求而相应发展起来的，板带轧机板厚调节技术的发展也经历了由粗到精的过程。经历了手动压下调节、电动压下调节、电动双压下系统调节、电—液双压下系统调节和全液压压下调节几种调节方式。后来在电—液双压下调节的基础上又发展了弯曲支撑辊的厚度调节方式、工作辊偏移的厚度调节方式等更为先进的厚度控制方式。

现代冷轧机的大部分核心控制均建立在厚度自动控制的引导之上，它的作用是对各种干扰造成的成品厚度偏差进行自动补偿，通过对辊缝、张力、速度等轧制因素的补偿从而实现轧机的精度轧制以获得高精度的产品厚度。

为了补偿厚度偏差，首先厚度自动控制系统需要在以下地点设置三个 X 射线测厚仪，以获取厚度偏差反馈：1 号机架前（测厚仪 1）、1~2 号机架之间（测厚仪 2）、5 号机架后（测厚仪 3），示意图如下。

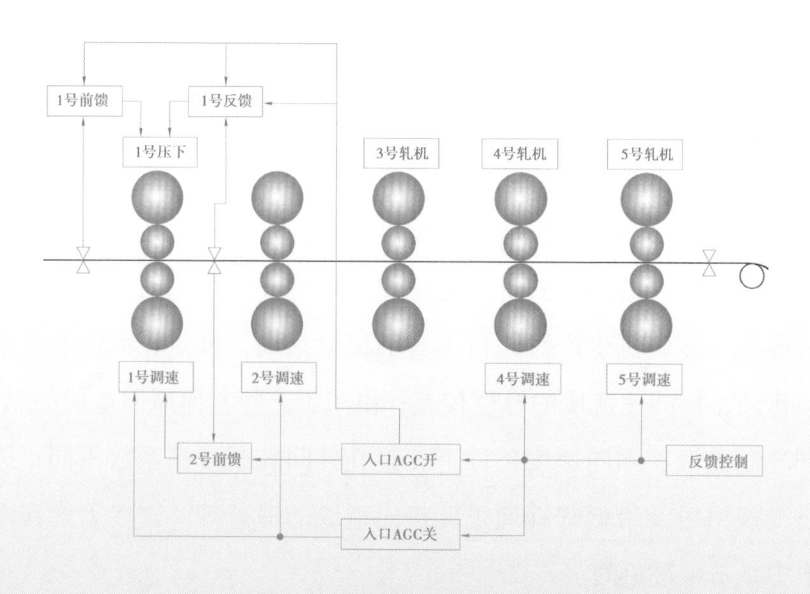

◎ 厚度自动控制

从作用效果来分，冷轧厚度自动控制调节可分为粗调和精调，粗调的主要目的是基本上消除来料厚度波动，减少偏心造成的厚度周期波动，而精调则根据成品测厚信息进行成品精度的最终控制。通常第一、第二机架为粗调，第四、第五机架为精调。

冷轧自动厚度控制从控制原理可分为偏心控制、监控控制、前馈控制及秒流量控制 4 种：

偏心控制：由于冷连轧厚度精度要求很高，因此轧辊偏心对厚度的影响不容忽视，偏心控制补偿一直是冷连轧系统的一个重要组成部分。为了进一步消除偏心，通常在冷轧机第一机架加偏心控制（偏心补偿）。轧辊偏心信息在轧制压力信号和测厚仪信号中得到充分反映，在冷轧机投入偏心补偿控制时，系统通过信号处理技术，从轧制力及测厚仪信号中提取出偏心信息，即偏心的频度及幅度，再通过轧制力或辊缝补偿，来消除热轧来料的厚度偏差。

监控控制：监控控制是一种带反馈的闭环控制，用来保证机架出口厚度。由于测厚仪安装在机架后面与辊缝之间有一定的距离，所以监控控制无法实现实时的厚度控制。我们将监控控制器设计为积分模式，也就是说监控控制是对厚度偏差的趋势（偏厚还是偏薄）进行补偿，例如总的趋势偏厚则辊缝就要相应减小，以消除厚度偏差的总趋势，使带钢出口厚度的平均值更接近设定值。

前馈控制：厚度前馈控制又称预控厚度调节。它不是根据轧机出口带钢厚度的差值来进行厚度控制，而是根据来料厚度的偏差进行厚度预控制。在轧件尚未进入辊缝之前，用测厚仪预先测出来料厚度，并把它与给定来料厚度值相比较，得出来料厚度偏差，再计算出由此可能产生的轧件出口厚度偏差及调节压下所需要的时间，提前进行控制调节，使检测点带钢通过轧制位置时正好被厚调控制。厚度前馈控制的优点是可进行提前控制，避免信号检测及机构动作所产生的滞后。但是前馈控制的精度完全依赖于计算的准确性，不能完全保证轧出厚度精度，应和监控控制（反馈控制）结合使用。

◎ 现代化冷轧机

秒流量控制：由于进入轧机的带钢质量流量总是与从轧机出来的带钢质量流量相等，且在冷轧中，带钢的宽度变化很小，可忽略不计，因此机架前后带钢速度和厚度的乘积相等。秒流量控制正是利用这一原理进行带钢厚度的前馈控制和反馈控制。具体实现方法为：在机架入口及出口均装有测速仪及测厚仪，相应测量数据通过系统计算后传给秒流量控制器，从而通过对机架传动速度及压下量的补偿来达到厚度调节的作用。

总的来说，要生产高品质的冷轧产品特别是汽车板或品种钢，轧制是其中的重要环节，而对厚度的控制更是重中之重，它为轧机各个控制部分提供精确的“制导”，它的精度是冷轧产品质量的关键。现代冷轧高端产业中谁能率先掌握最先进的“制导技术”，谁就能在市场竞争中占得先机和优势。

◎ 冷轧卷

◎ 冷轧高质量汽车板镜面效果图

（肖　旭）

HMI 技术在轧制润滑工艺中的应用

几十年来，计算机技术在冶金企业应用已经非常广泛。从原材料采集、生产控制到电子商务都可以通过计算机技术来实现。通过建立产销系统，可以快速全面地掌握企业的采购、生产、销售情况，使生产过程合理化，有利于降低成本，保证质量；通过模拟仿真技术，能预测和控制冶炼、精炼、连铸、轧制等过程情况，有利于精确控制制造过程，优化工艺技术，节约工艺开发的时间和费用，提高实验成功率；通过计算机编制作业计划，可以实现生产工艺过程优化，有效解决由于生产范围大、设备多、仅靠人工调度困难等问题，有利于提高设备效率，减轻操作人员劳动强度。计算机还可以在生产工艺过程中实现自动化控制，通过 HMI（Human Machine Interface，即人机交互）技术，实现自动监视系统、自动操作系统、稳定作业，及时反馈报警信息等功能，实现生产过程的自动化。

轧制是将金属通过轧机上两个相对回转轧辊之间的空隙，进行压延变形成为型材（如钢板、圆钢、角钢、槽钢等）的加工方法。在一定的条件下，旋转的轧辊给予轧件以压力，使轧件产生塑性变形。用于这种加工方式的油就是轧制油，其具有润滑性能好、冷却性能好、清净性好、工序防锈性好和无毒无害等特点。由于轧制过程中轧件是通过与轧辊之间的摩擦曳入辊缝的，摩擦既是保证轧制过程顺利进行的条件，同时也是轧制压力增加，造成轧辊磨损加剧并恶化轧后制品的表面质量的原因。鉴于摩擦磨损对轧制过程的影响，采用轧制工艺润滑可以有效地降低和控制轧制过程中的摩擦磨损，因此必须采用适当的润滑剂，以达到润滑和冷却的目的。

轧制油对热轧轧制板形、板带表面质量、轧辊辊耗及能源节省等方面均能起到积极的作用。随着我国钢铁工业的不断发展，市场竞争愈加激烈，用户对钢板表面质量的要求也愈来愈高。热轧工艺润滑技术的应用，不仅对降低能耗、提高生产率、降低轧辊成本和改善带钢表面质量提出了有效的技术方法，而且可使带钢的晶粒组织得以改善，使之具有理想的深冲性能。近几年，板带连轧工艺的不断完善，热轧工艺技术得到了普遍的重视、应用和发展。我国宝钢、攀钢、鞍钢等热轧生产线先后应用了此技术，获得成功，同时收获了良好的经济效益。

人机画面是一种连接可编程控制器（PLC）、变频器、直流调速器、仪表等工业控制设备。它是利用显示屏显示，通过输入单元（如触摸屏、键盘、鼠标等）写入工作参数或输入操作命令，实现人与机器信息交互的数字设备。它可以实时显示资料趋势，把撷取的资料立即显示在屏幕上，并自动记录资料，自动将资料储存至数据库中，以便日后查看。而且历史资料可以趋势显示，把数据库中的资料作可视化的呈现。资料可以转换成报表的格式打印出来。它不仅是图形接口的控制器，更是突发情况的报警器，使用者可以定义一些警报产生的条件，比方说温度过高或压力超过临界值，在这样的条件下系统会产生警报，通知作业人员及时处理。武钢 2250 毫米生产线通过 HMI（人机交互）技术，建立轧制油画面，监测轧制油使用情况，操作人员能够透过图形接口

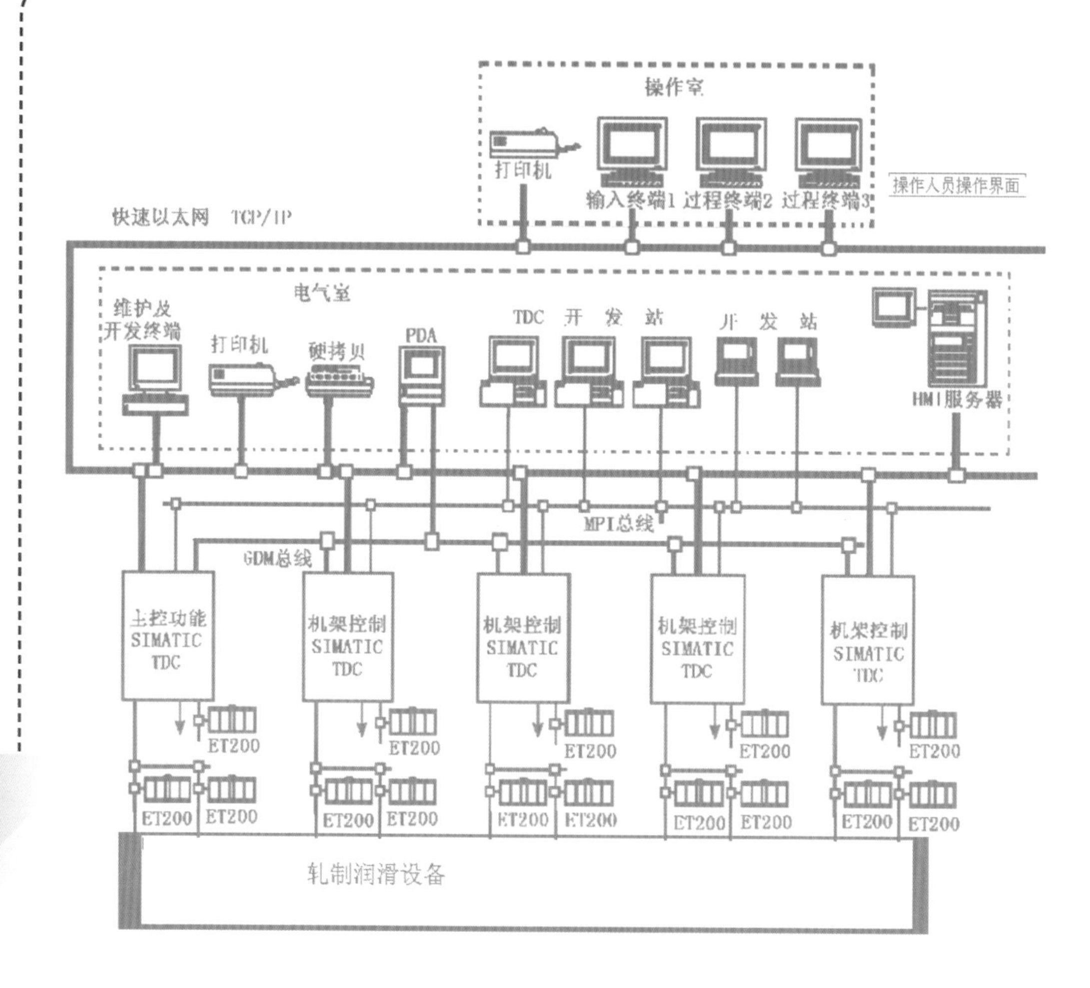

◎ 人机交换界面控制过程

直接控制机台等装置并根据实际情况输入油和水的使用量，油水喷射时间，达到良好的轧制效果，有效实现了人机结合。

计算机在钢铁行业中的运用很多，其中通过 HMI 技术实现自动化控制在钢铁行业中运用尤其广泛。它有效改善了大型厂矿“脏乱差”的情况，使操作人员在窗明几净的操作台就能全面了解设备、控制设备、保证生产。

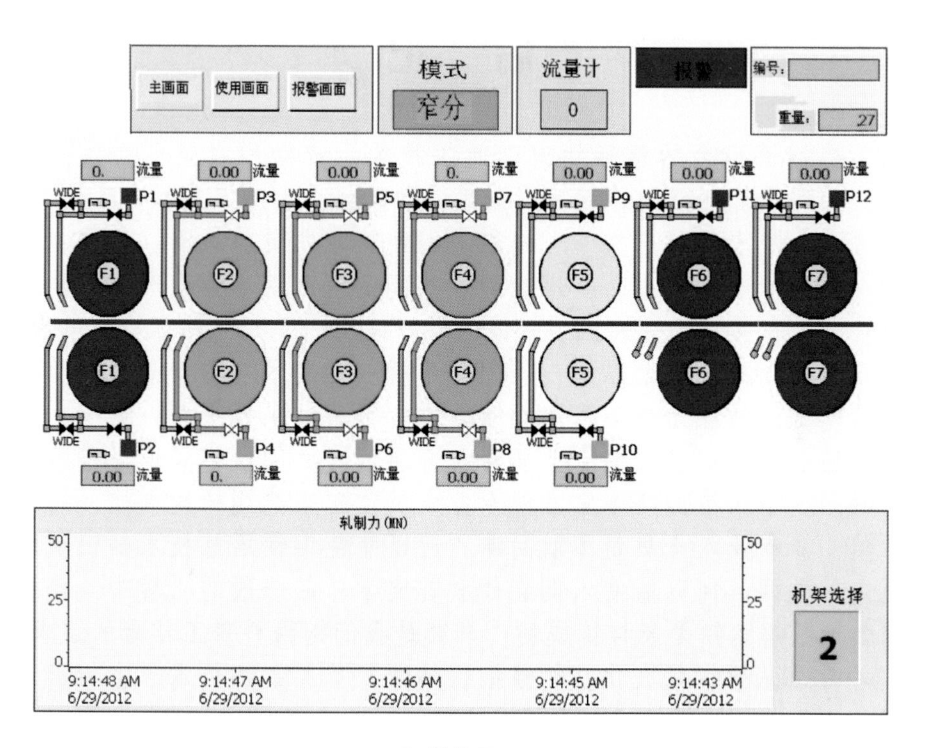
主画面
使用画面
报警画面
模式
窄分
流量计
0
报警
编号:
重量:
27
P1
P2
P3
P4
P5
P6
P7
P8
P9
P10
P11
P12
F1
F2
F3
F4
F5
F6
F7
WIDE
流量
轧制力(MN)
50
25
0
9:14:48 AM 6/29/2012
9:14:47 AM 6/29/2012
9:14:46 AM 6/29/2012
9:14:45 AM 6/29/2012
9:14:43 AM 6/29/2012
机架选择
2

◎ 操作画面

（王 隽）

后　记

将钢铁冶金的科学知识以通俗易懂的读物形式呈现在人们面前，将那些复杂繁琐的钢铁冶金理论和数据、生产工艺和专项技术，写成深入浅出的科普文章，是很多钢铁从业人员的夙愿。可是在浩如烟海的专业书籍中，要想找到一本真正把钢铁冶金生产知识和通俗性、教育性与趣味性融为一体的科普读物，并非一件容易的事情。也正因为如此，长期以来，人们普遍对专业技术书本有一种望而生畏的感觉。枯燥无味、晦涩难懂的语言形式，呆板平直、缺少生气的叙述方式，似乎已在专业书籍与普通读者之间筑起了一道壁障。的确，过于深奥的文本常常使专业人员读起来感到味同嚼蜡、兴味索然，非专业人士更是不敢问津。何以能使钢铁冶炼技术知识从厂区走入民间，何以能使人们在如欣赏文学作品一般的心境中，轻松自如地了解钢铁是怎样炼成的，一直是我们钢铁科普工作者的追求。

为了弘扬钢铁文化、传播钢铁知识、普及钢铁技术、宣传钢铁产品，在中国科学技术咨询服务中心、中国金属学会、武汉钢铁（集团）公司领导和有关部门的关心、支持下，由武钢科协组织编写的《钢铁科普丛书》终于出版了。本书编者不揣浅陋，力图以生动的语言讲述钢铁发展历程，以形象明快的语言描述钢铁冶炼流程，通过栩栩如生的勾画展现钢铁冶金技术，共选录了77位作者的83篇作品。另外，为了使本书有一定的收藏性和直观性，书中还汇集了大量的图片，使很多宏大的冶炼生产场景尽呈读者眼前。

总之，向广大读者，特别是钢铁行业工作者奉献一本人人都能读得懂的读物，是编者的心愿。本书旨在通过这把“钥匙”，开启钢铁冶金技术科学普及之门。

由于编者水平有限，《钢铁科普丛书》从取材范围、部分文章观点、时效性等方面难免有疏漏之处，敬请同行及各界读者批评指正。在本书编写过程中，广泛参阅和选引了有关文献资料，在此向所有文献作者致以诚挚的谢意！

编　者

2014年9月